21世纪高职高专土建类专业规划教材

建筑构造与识图

编 著 ⊙ 于顺达

中国建材工业出版社

图书在版编目（CIP）数据

建筑构造与识图/于顺达编著．—北京：中国建材工业出版社，2016.8（2020.8 重印）
21 世纪高职高专土建类专业规划教材
ISBN 978-7-5160-1514-8

Ⅰ.①建…　Ⅱ.①于…　Ⅲ.①建筑构造—高等职业教育—教材②建筑制图—识别—高等职业教育—教材　Ⅳ.①TU22②TU204

中国版本图书馆 CIP 数据核字（2016）第 133806 号

内 容 简 介

本书以某培训楼施工的整个过程作为主线，分为构造、制图、识图三大部分，共十一章，分别为建筑构造的基本知识、基础与地下室、墙体、楼板与楼地面、楼梯、屋顶、门窗、建筑制图的基本知识、投影的基本知识、组合体的投影、建筑施工图的识读与绘制。每章附有知识链接、作业题、思考题，以及通过二维码形式呈现的施工现场视频资料作为扩展内容，使读者学习更加直观立体。

本书可作为高职院校建筑工程技术、建设工程管理、工程造价、建设工程监理、建筑经济管理等专业的教材，也可作为从事建筑行业人员的参考用书。

建筑构造与识图
编著　于顺达

出版发行：中国建材工业出版社
地　　址：北京市海淀区三里河路 1 号
邮　　编：100044
经　　销：全国各地新华书店
印　　刷：北京雁林吉兆印刷有限公司
开　　本：787mm×1092mm　1/16
印　　张：14.5　插页：6.75 印张
字　　数：530 千字
版　　次：2016 年 8 月第 1 版
印　　次：2020 年 8 月第 3 次
定　　价：56.00 元

本社网址：www.jccbs.com　微信公众号：zgjcgycbs
本书如出现印装质量问题，由我社市场营销部负责调换。联系电话：(010)88386906

前　　言

"建筑构造与识图"是高职院校建筑相关专业的基础课程之一，它主要讲述了建筑构造的基本做法、建筑制图、建筑施工图识读及绘制的基本方法等。

本书以某培训楼施工的整个过程作为主线，主要分为构造、制图、识图三大部分。本着先易后难的原则，先构造，后制图，最后识图，循序渐进，使学生更容易学习和理解。本书对于较陈旧的知识点，采用一笔带过的原则；对于较重要的知识点，除重点讲述外，还添加了大量的图片、知识链接、施工现场视频，使读者学习得更为通透。每章开始部分设有知识点及学习要求，需要读者着重学习和掌握。本书的外延知识链接，都为精挑细选，能为读者学好本门课程及其他课程奠定良好的基础。作业题为课后练习题，用于巩固本章所学知识，可在书中直接找到答案。思考题为扩展题目，需要读者课后认真思考和查阅相关资料才能准确解答。二维码中包含大量施工现场视频资料，与工程实际结合紧密，让学生身临其境，对书中知识点有形象直观的感受，培养学习兴趣。本书充分体现了教学过程与生产过程对接、工学结合、知行合一、培养应用型技术技能型人才的指导思想。

本书由编者历时三年，深入工程现场，做了大量视频和文字记录，经过细致地汇总和整理后，精心编写而成。编者在此还要特别感谢为本书绘制CAD图的学生吕振宇、陈宏宇，以及提出大量宝贵意见的中国建材工业出版社编辑杨易、曲楠。

由于编者水平有限，书中存在纰漏在所难免，恳请读者批评指正。

编者

2016年8月

目　　录

引言　学习本门课程首先要明确的几个问题

一、课程介绍

授课对象：高职一年级学生、想进入建筑行业的初学者。

性质：建筑构造与识图是一门专业基础课程。

特点：本课程的实践性很强，与工程实际结合紧密，需要学生平时多看、多想，以期达到理论联系实际的效果。

主要知识点：使学生掌握民用建筑的构造原理及常见构造做法，掌握投影的基本原理、绘图方法、建筑施工图的识图能力。

作用：在培养学生职业能力和职业素质两个方面起支撑和促进作用，并为学习本专业其他课程奠定基础。

先修课：无。

后续课：《建筑施工技术》、《建筑力学》、《建筑结构》、《建筑工程计量与计价》等。

二、what、why、how（学生学习动力的源泉）

（一）是什么?

1. 建筑——标新立异的建筑

（1）图1：CCTV主楼包括2座双向倾斜的塔楼，L形悬臂结构从两座塔楼延伸，并在悬空处合龙。

主楼高234m，地上52层，地下3层，裙楼10层，总建筑面积约47万m^2；基础形式为桩筏基础，主体结构形式为型钢钢筋混凝土结构；总造价约55亿元。

图1　中央电视台总部大楼

（2）图2：有效数据显示，世界上新诞生的建筑中，有一半来自中国，而中国的大型地标建筑，诸多出自外国设计师之手。图 2 为英国著名设计师扎哈·哈迪德设计的北京银河 SOHO。

图 2 北京银河 SOHO

（3）图 3：中国国际贸易中心第三期（China World Trade Center Tower 3）简称国贸三期，是现在北京的最高建筑。其位于北京中央商务区，高 330m，80 层，由国贸中心和郭氏兄弟集团联合投资建设。其与国贸一期、国贸二期一起构成 110 万 m^2 的建筑群，是今日全球最大的国际贸易中心。

图 3　国贸三期

2. 建筑构造

建筑基本的构造组成，如梁、板、柱等；建筑构造的基本原理和做法，如屋顶都是由哪几层组成，各层的大体做法是怎么样的。

3. 建筑识图

图纸——建筑物的平面体现形式（建造建筑的说明书），如图 4、图 5 所示。

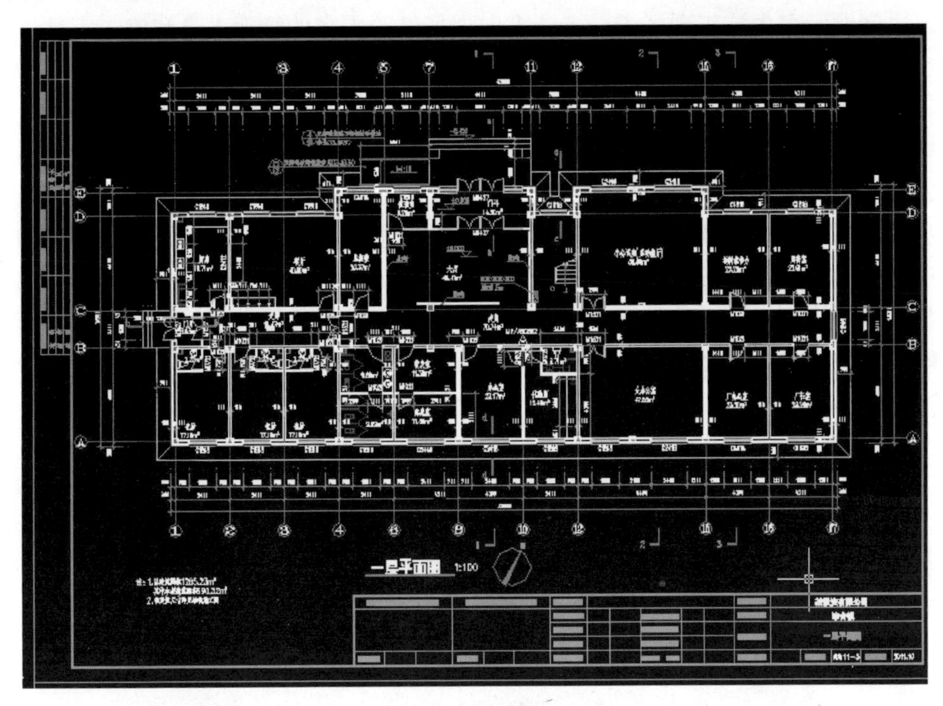

图 4　平面图

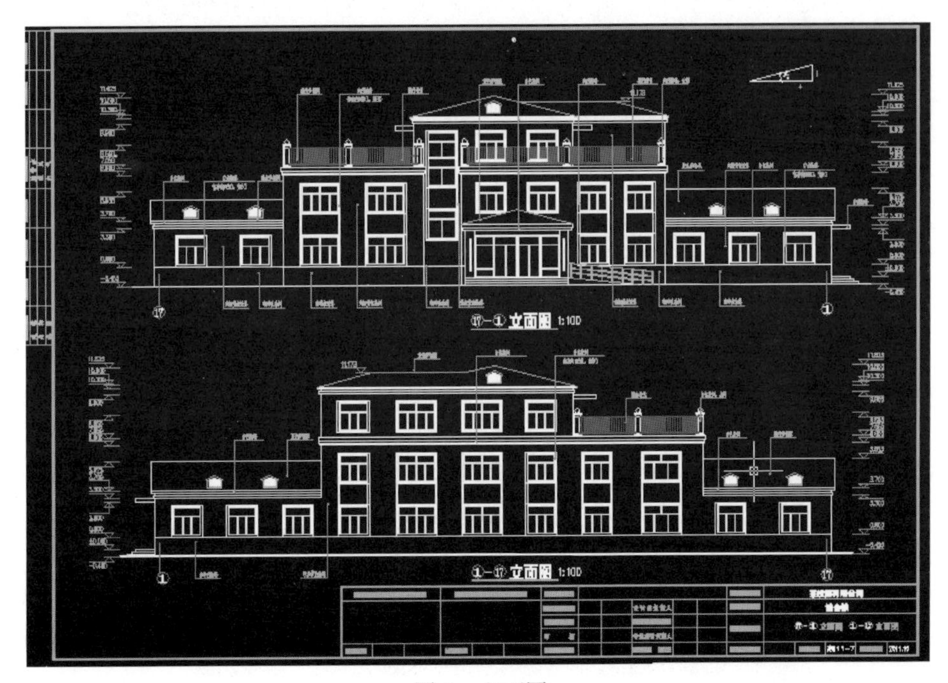

图 5　立面图

(二)为什么学?

与建筑材料、建筑施工与组织、建筑施工技术、建筑工程定额与预算等课程关系紧密,是后续课程的基础,也是能否学好后续课程的关键。

(三)怎么学?

理论联系实际:在平时的工作与生活中多观察自己周围的建筑物,随时发现问题、分析问题、解决问题;多去施工现场走一走,多向现场经验丰富的管理人员和施工人员请教。

三、课程设计的思路和亮点

本书是以某培训楼施工的整个过程作为主线,将本课程分解为建筑的基本知识、基础和地下室、柱和墙、地坪和楼板、楼梯、屋顶、门窗、建筑制图、建筑施工图的识读及绘制等几个逐步递进的章节,有利于学生循序渐进地从整体上认识和掌握建筑识图和建筑构造的知识。通过观看本书中大量的工地多媒体资料,还原施工现场,让学生身临其境,指出其中理论知识与实践知识相通相融的地方,培养学生的学习兴趣,释放学生的学习热情,使学生毕业后更好更快地进入角色。

第一章　建筑构造的基本知识

【知识点及学习要求】

序号	知识点	学习要求
1	建筑的分类与分级	了解民用建筑大体的分类与分级
2	民用建筑的构造组成	掌握民用建筑的构造组成以及各个组成部分的作用及要求
3	建筑的结构类型	掌握各种建筑的结构类型的特点
4	钢筋混凝土的基本知识	了解混凝土的基本常识
5	建筑构造的基本要求和影响因素	了解建筑构造的基本要求和影响因素
6	建筑模数的协调	理解建筑模数的意义

第一节　建筑的分类与分级

建筑的分类方法有很多，可以根据它们的使用功能、规模大小、重要程度等因素进行分类和分级。对建筑进行分类和分级的意义在于，根据不同的类型和等级采用不同的规范和标准对建筑进行建造，做到物尽其用。

一、建筑的分类

按使用性质分，建筑可分为：

(1) 民用建筑：供人们生产、生活所用的建筑物，如住宅、商场、教学楼、食堂等。

(2) 工业建筑：为工业生产需要而建造的建筑物，如工业厂房等。

(3) 农业建筑：供人们进行农牧业的种植、养殖、储存等用途的建筑物，如粮库、塑料大棚等。

二、民用建筑的分类

1. 按功能分

(1) 居住建筑：供人们生活起居用的建筑物，如住宅、宿舍等。

(2) 公共建筑：供人们进行社会活动的建筑物，如商场、写字楼、教学楼、办公楼等。

2. 按层数分

(1) 低层建筑：1～3层或不高于10m；平房、别墅；结构简单、工期短。

(2) 多层建筑：4～8层或10～24m；大多为砖混结构，少数采用钢筋混凝土结构，通风和采光好，空间紧凑但不闭塞，得房率高，交通压力和管线“压力”小。

(3) 高层建筑：8层以上或高于24m；土地利用率高，开发商效益高，现在一二线城市新建建筑多为此类，交通压力和管线“压力”大。

(4) 超高层：高于100m；大多数是以集写字楼和高档宾馆为主的综合体。

三、民用建筑的分级

1. 按耐久年限分

房屋耐久年限是指组成房屋建筑的各构件在规定时间内和规定条件下能保证结构安全和正常功能的时间段，是在建筑设计时就赋予建筑的内在属性。

一级：100 年以上，适用于重要建筑。

二级：50～100 年，适用于高层建筑。

三级：25～50 年，适用于多层建筑。

四级：15 年以下，适用于临时性建筑。

2. 按耐火等级分

耐火等级是衡量建筑物耐火程度的分级指标。它由组成建筑物的构件的燃烧性能和耐火极限来确定。建筑物的耐火等级是建筑设计防火规范中规定的防火技术措施中最基本的指标之一。

耐火极限是指建筑构件按时间-温度标准曲线进行耐火试验，从受到火的作用时起，到失去支持能力或完整性被破坏或失去隔火作用时为止的这段时间，用 h（小时）表示。

燃烧性能指建筑构件在明火或高温作用下是否燃烧，以及燃烧的难易程度。建筑构件按燃烧性能分为非燃烧体、难燃烧体和燃烧体。

（1）非燃烧体：指用非燃烧材料制成的构件，如砖、石、钢筋混凝土、金属等。这类材料在空气中受到火烧或高温作用时不起火、不微燃、不碳化。

（2）难燃烧体：指用难燃烧材料制成的构件，如沥青混凝土、板条抹灰、水泥刨花板、经防火处理的木材等。这类材料在空气中受到火烧或高温作用时难燃烧、难碳化，离开火源后，燃烧或微燃立即停止。

（3）燃烧体：指用燃烧材料制成的构件，如木材、胶合板等。这类材料在空气中受到火烧或高温作用时，立即起火或燃烧，且离开火源继续燃烧或微燃。

按照 GB 50016—2014《建筑设计防火规范》，建筑物的耐火等级分为四级。建筑物的耐火等级是由建筑构件（梁、柱、楼板、墙等）的燃烧性能和耐火极限决定的，各级建筑物所用构件的燃烧性能和耐火极限不应低于表 1-1 的规定。

表 1-1　建筑构件的燃烧性能和耐火极限

构件名称		耐火等级			
		一级	二级	三级	四级
墙	防火墙	非燃烧体 4.00h	非燃烧体 4.00h	非燃烧体 4.00h	非燃烧体 4.00h
	承重墙，楼梯间、电梯井的墙	非燃烧体 3.00h	非燃烧体 2.50h	非燃烧体 2.50h	非燃烧体 0.50h
	非承重墙、疏散走道两侧的隔墙	非燃烧体 1.00h	非燃烧体 1.00h	非燃烧体 0.50h	非燃烧体 0.25h
	房间隔墙	非燃烧体 0.75h	非燃烧体 0.50h	非燃烧体 0.50h	非燃烧体 0.25h
柱	支承多层的柱	非燃烧体 3.00h	非燃烧体 2.50h	非燃烧体 2.50h	非燃烧体 0.50h
	支承单层的柱	非燃烧体 2.50h	非燃烧体 2.00h	非燃烧体 2.00h	燃烧体
梁		非燃烧体 2.00h	非燃烧体 1.50h	非燃烧体 1.00h	非燃烧体 0.50h
楼板		非燃烧体 1.50h	非燃烧体 1.00h	非燃烧体 0.50h	非燃烧体 0.25h
屋顶承重构件		非燃烧体 1.50h	非燃烧体 0.50h	燃烧体	燃烧体
疏散楼梯		非燃烧体 1.50h	非燃烧体 1.00h	非燃烧体 1.00h	燃烧体
吊顶（包括吊顶搁栅）		非燃烧体 0.50h	非燃烧体 0.25h	非燃烧体 0.15h	燃烧体

一级耐火等级建筑：钢筋混凝土结构或砖墙与钢筋混凝土结构组成的混合结构；

二级耐火等级建筑：钢结构屋架、钢筋混凝土柱或砖墙组成的混合结构；

三级耐火等级建筑：木屋顶和砖墙组成的砖木结构；

四级耐火等级建筑：木屋顶、难燃烧体墙壁组成的可燃结构。

3. 按抗震等级分

抗震等级是设计部门依据国家有关规定，按“建筑物重要性分类与设防标准”，根据烈度、结构类型和房屋高度等，采用不同抗震等级进行的具体设计。以钢筋混凝土框架结构为例，抗震等级划分为四级，以表示其很严重、严重、较严重及一般的四个级别，见表 1-2。

建筑的抗震等级直接影响钢筋的使用量、钢筋锚固长度、钢筋的连接方式等。

表 1-2　现浇钢筋混凝土房屋的抗震等级

<table>
<tr><td colspan="3" rowspan="2">结构类型</td><td colspan="12">设防烈度</td></tr>
<tr><td colspan="2">6</td><td colspan="4">7</td><td colspan="4">8</td><td colspan="2">9</td></tr>
<tr><td rowspan="3">框架结构</td><td colspan="2">高度（m）</td><td>≤24</td><td>>24</td><td colspan="2">≤24</td><td colspan="2">>24</td><td colspan="2">≤24</td><td colspan="2">>24</td><td colspan="2">≤24</td></tr>
<tr><td colspan="2">框架</td><td>四</td><td>三</td><td colspan="2">三</td><td colspan="2">二</td><td colspan="2">二</td><td colspan="2">一</td><td colspan="2">一</td></tr>
<tr><td colspan="2">大跨度框架</td><td colspan="2">三</td><td colspan="4">二</td><td colspan="4">一</td><td colspan="2">一</td></tr>
<tr><td rowspan="3">框架一抗震墙结构</td><td colspan="2">高度（m）</td><td>≤60</td><td>>60</td><td>≤24</td><td colspan="2">25～60</td><td>>60</td><td>≤24</td><td colspan="2">25～60</td><td>>60</td><td>≤24</td><td>25～60</td></tr>
<tr><td colspan="2">框架</td><td>四</td><td>三</td><td>四</td><td colspan="2">三</td><td>二</td><td>三</td><td colspan="2">二</td><td>一</td><td>二</td><td>一</td></tr>
<tr><td colspan="2">抗震墙</td><td colspan="2">三</td><td>三</td><td colspan="3">二</td><td>二</td><td colspan="3">一</td><td colspan="2">一</td></tr>
<tr><td rowspan="2">抗震墙结构</td><td colspan="2">高度（m）</td><td>≤80</td><td>>80</td><td>≤24</td><td colspan="2">25～80</td><td>>80</td><td>≤24</td><td colspan="2">25～80</td><td>>80</td><td>≤24</td><td>25～60</td></tr>
<tr><td colspan="2">剪力墙</td><td>四</td><td>三</td><td>四</td><td colspan="2">三</td><td>二</td><td>三</td><td colspan="2">二</td><td>一</td><td>二</td><td>一</td></tr>
<tr><td rowspan="3">部分框支抗震墙结构</td><td colspan="2">高度（m）</td><td>≤80</td><td>>80</td><td>≤24</td><td colspan="2">25～80</td><td>>80</td><td>≤24</td><td colspan="2">25～80</td><td rowspan="3"></td><td colspan="2" rowspan="3"></td></tr>
<tr><td rowspan="2">抗震墙</td><td>一般部位</td><td>四</td><td>三</td><td>四</td><td colspan="2">三</td><td>二</td><td>三</td><td colspan="2">二</td></tr>
<tr><td>加强部位</td><td>三</td><td>二</td><td>三</td><td colspan="2">二</td><td>一</td><td>二</td><td colspan="2">一</td></tr>
</table>

建筑物分类与分级的主要目的：一是便于总结各类建筑物的设计规律，以提高设计水平；二是便于根据各类建筑的各自特点，制定规范、定额、标准，用于指导设计和施工等。

知识链接

1. 建筑物与构筑物的概念

建筑是建筑物与构筑物的总称。

建筑物是指由基础、墙、柱、楼板、楼梯、屋顶、门、窗等构件组成，能够遮风避雨，供人在内居住、工作、学习、娱乐、储藏物品或进行其他活动的空间场所，如住宅、办公楼、商场等。

构筑物是指房屋以外的建筑，人们一般不直接在内进行生产和生活的空间，如烟囱、水塔、桥梁、水坝等。

2. 建筑面积、使用面积的概念和关系

建筑面积也称建筑展开面积，它是以建筑物外墙勒脚以上外沿所围成的水平面测定的各层的建筑面积，然后把各层面积累加求和作为建筑物的总建筑面积。它是一个建筑物建筑规模大小的重要指标。

使用面积是指建筑物各层平面中直接为生产或生活使用的净面积的总和。

3. 层高、建筑标高、结构标高的概念

层高是指上下两层楼面（或地面至楼面）结构标高之间的垂直距离。

建筑标高是包括装饰层厚度的标高，也就是装饰结束后的成品面标高，如“一层建筑标高为±0.000”。

结构标高为装饰装修前的标高，如果地面工程装饰做法为5cm，则一层结构标高为−0.050。

4. 进深、开间的概念

房间的主采光面称为开间，与其垂直的方向称为进深；房门进入的方向的距离为进深，左右两边距离为开间。

5. 抗震设防烈度

地震烈度是指地面及房屋等建筑物受地震破坏的程度，不同地区的建筑抗震烈度不同，如哈尔滨抗震烈度为6度，北京为8度。一次地震的震级是固定的，但烈度随着建筑与地震中心距离的远近而变化。抗震烈度规范于2016年刚刚更新，各大城市均提高了各自的抗震设防烈度。

第二节　民用建筑的构造组成

重点

民用建筑的构造组成有哪些？各自的作用是什么？

民用建筑是由若干个大大小小、功能不一的空间所组成的，每一个空间又是由若干个构件所组成的。一般民用建筑由基础、墙和柱、楼地层、楼梯、屋顶、门窗等构件所组成，如图1-1所示。其中基础、墙和柱、楼地层、楼梯、屋顶为重点。这些都是组成建筑最基本也是最主要的构件，其各自的概念、作用及要求如下。

一、基础

（1）概念：基础是建筑物最下面的构件，它直接与土层接触，承受建筑物的全部荷载，并把荷载传给地基。基础就像人的脚，重要性可见一般。

（2）作用：承受并传递荷载，承上启下。

（3）要求：坚固、稳定、耐水、耐腐蚀、耐冰冻、不应早于地面以上部分破坏等。

二、墙和柱

（1）概念：建筑物最重要的竖向构件，对于墙承重结构的建筑来说，墙承受屋顶和楼板传递给它的荷载，并把各层的荷载累加，连同自身的自重传递给基础。对于框架结构的建筑，墙体就是围护构件（外墙），抵御风、雨、雪对室内的影响，也是分隔构件（内墙），把建筑分隔成若干相互独立的空间，方便使用，互不干扰。

（2）作用：承重、围护、分隔。

（3）要求：坚固、稳定、重量轻、保温、隔声、防水、防火等。

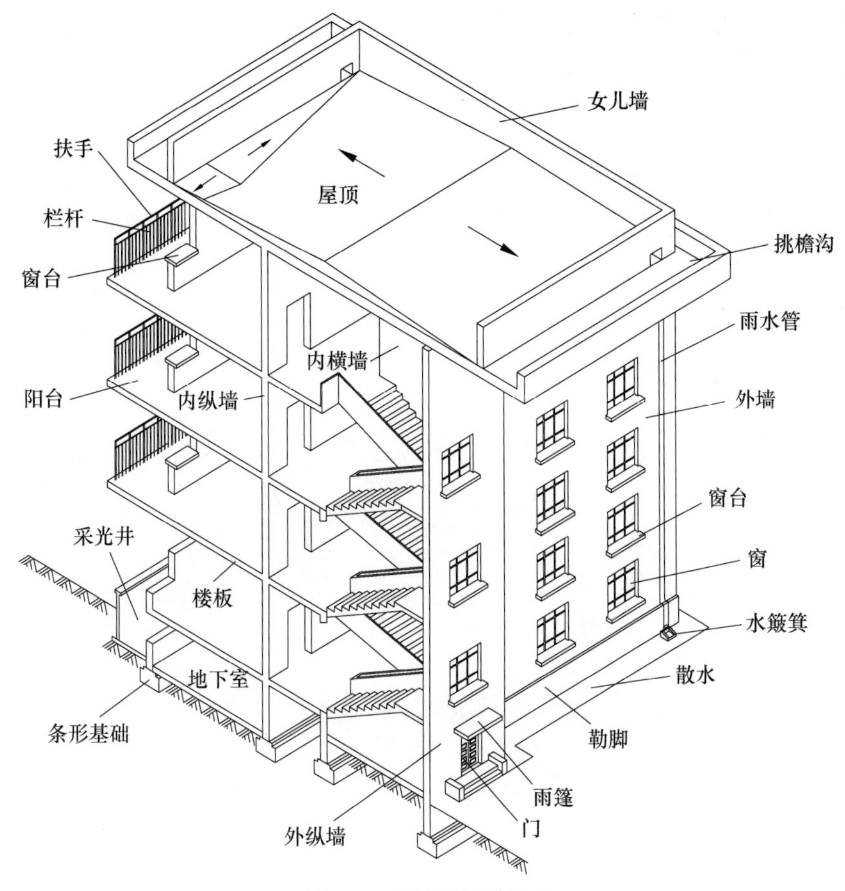

图 1-1　民用建筑的组成

三、楼地层（楼板、地坪）

（1）概念：建筑物的水平承重构件，将其上所有荷载连同自重传给墙或柱，也把建筑空间划分成若干层，增大建筑面积，并对墙和柱起水平支撑作用。

（2）作用：承重、分隔、支撑。

（3）要求：坚固、稳定、防潮、防水、隔声。

四、楼梯

（1）概念：楼梯是建筑中联系上下各层的垂直交通设施，供人们通行和紧急疏散使用。

（2）作用：联系上下层、疏散交通。

（3）要求：坚固、安全、足够的疏散能力。

五、屋顶

（1）概念：建筑物顶部的承重和围护构件，承受作用在其上的风、雨、雪、人等的荷载，并传给墙或柱。

（2）作用：承重、围护、防水、排水、保温、隔热。

（3）要求：坚固，足够的防水、排水、保温能力。

六、门和窗

（1）作用：采光、通风、眺望、疏散、隔声、装饰。

（2）要求：具有足够的采光、保温、隔声等作用。

建筑仅有这些主要构件是远远不够的，要满足人们的生产生活要求，还要有其他构件，如柱、梁、女儿墙、散水等，如图 1-2、图 1-3 所示。本书在以后的章节中会详细讲解。

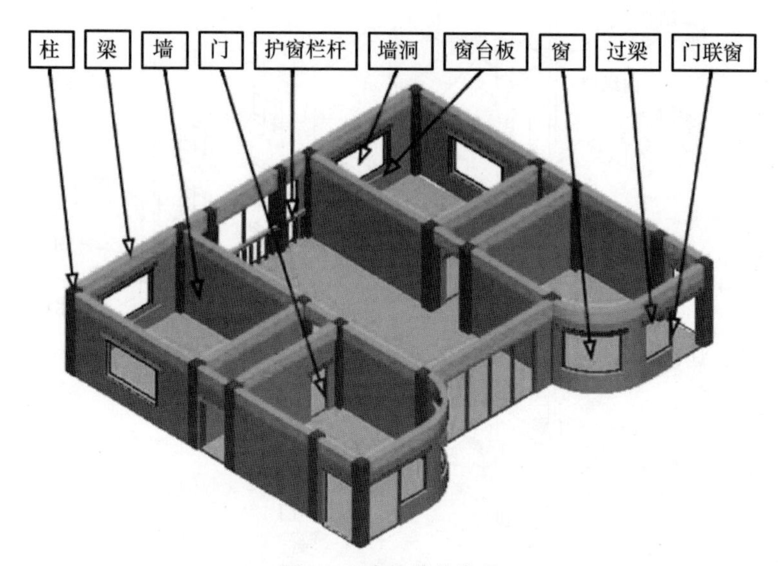

图 1-2　建筑其他构件

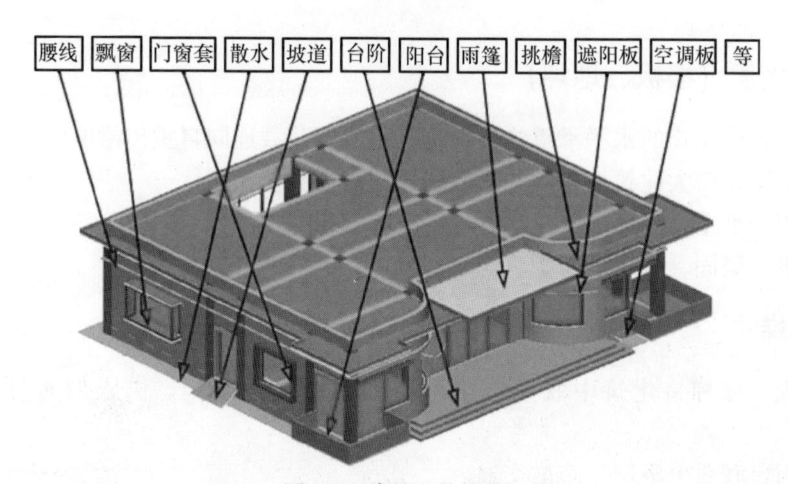

图 1-3　建筑室外构件

知识链接

（1）建筑各组成部分中，有些相当于人的骨架，有些相当于肉，各构件有各自的作用，只有各负其责，建筑才能更好地满足人们的需求。

（2）荷载是指作用在建筑上的力，单位是 kN；种类有永久荷载、可变荷载、偶然荷载等。

（3）墙体是最常见也是最重要的竖向构件，其装饰层质量好坏对使用功能的影响很大，如墙体发霉长毛等问题。

（4）楼板是最常见也是最重要的水平构件，其防水层质量好坏对使用功能的影响很大，如卫生间防水没做好，会出现漏水等问题。

（5）楼梯为人流最为密集的部位，楼梯段、平台宽度对通行能力影响很大，宽度不足会影响通行及逃生能力，易发生踩踏事故。

（6）屋顶防水做不好会直接导致顶层发霉、长毛、漏雨等问题，是施工中的重中之重。

（7）窗本身的质量和窗扇与洞口间的密闭性直接影响建筑的使用功能，尤其在北方，冬天比较冷，内外气压差较大，如果做得不好，会导致透风透寒。

第三节　建筑的结构类型

重点

1. 建筑结构的概念是什么？
2. 按承重结构的材料和承重方式，建筑主要分为哪几种结构？

建筑物中的各类构件，有的起承重作用（骨架），有的起围护和分隔作用（肉）。起承重作用的构件，如基础、墙或柱、楼板、楼梯、屋面等，称为建筑的结构构件，由这些结构构件相互连接所形成的骨架，称为建筑结构。建筑的结构类型有以下两种划分方法。

一、按主要承重结构的材料分

（1）土木结构：以土墙、木屋架作为建筑物的主要承重构件，造价低、施工速度快、刚度差，适用于边远山区建筑，如图 1-4 所示。

（2）砖木结构：以砖墙、木屋架作为建筑物的主要承重构件，舒适性好，如图 1-5 所示。

图 1-4　土木结构

图 1-5　砖木结构

（3）砖混结构：以砖墙、钢筋混凝土楼板、屋面板作为建筑物的主要承重构件，造价低、施工速度快、施工技术成熟，多层建筑多采用这种结构形式，如图 1-6 所示。

（4）钢筋混凝土结构：以钢筋混凝土作为建筑物的主要承重材料，公共建筑和高层常采用此结构形式。混凝土抗压、钢筋抗拉，优势互补、物美价廉，市场占有率最高，如图 1-7 所示。

图 1-6 砖混结构

图 1-7 钢筋混凝土结构

（5）钢结构：以型钢作为建筑物的主要承重构件，此类建筑刚度高、质量轻、抗震能力强，能形成大空间建筑，但耗钢量大、造价高，多用于一线城市的高档写字楼和大型场馆等公共建筑，如图 1-8 所示。

图 1-8 钢结构

二、按结构的承重方式分

（1）墙承重结构：墙承受楼板和屋顶的全部荷载，这种结构被称为墙承重结构。土木结构、砖木结构、砖混结构的建筑多为此类结构，如图 1-9、图 1-10 所示。

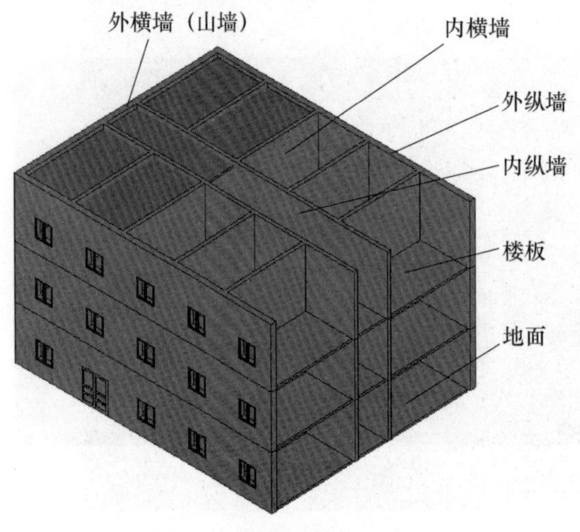

图 1-9 墙承重结构示意图

图 1-10 墙承重结构

（2）框架结构：由柱、梁、板所组成的结构体系，称为框架结构。柱梁板为一次结构，砌块墙为二次结构，此结构空间布置灵活，承重墙较少，如图 1-11、图 1-12 所示。

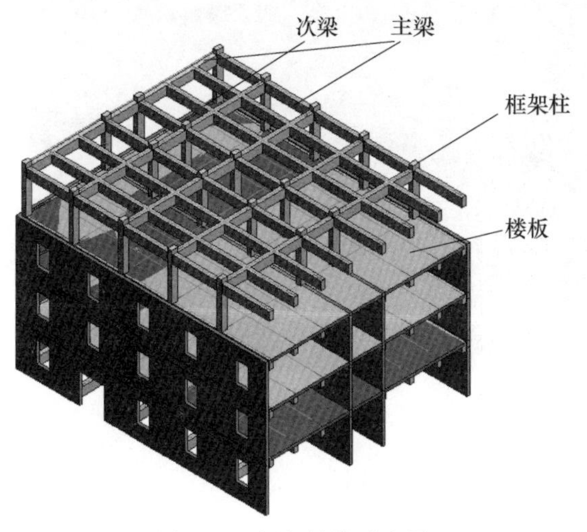

图 1-11　框架结构示意图

图 1-12　框架结构

（3）框剪结构：也称框架剪力墙结构，主要结构是框架，竖向由梁柱构成，小部分是剪力墙的结构形式。

（4）剪力墙结构：剪力墙结构是用钢筋混凝土墙板来代替框架结构中的梁柱，能承担各类荷载引起的内力，并能有效控制结构的水平力，这种用钢筋混凝土墙板来承受竖向和水平力的结构称为剪力墙结构。这种结构在高层住宅中被大量运用，尤其是短肢剪力墙结构，如图 1-13、图 1-14 所示。

（5）筒体结构：筒体结构由框架－剪力墙结构与全剪力墙结构综合演变和发展而来。筒体结构是将剪力墙或密柱框架集中到房屋的内部和外围而形成的空间封闭式的筒体，现在的超高层常用此结构，如图 1-15 所示。

（6）空间结构：用空间结构如网架、薄壳、悬索来承受荷载的建筑，如图 1-16 所示。

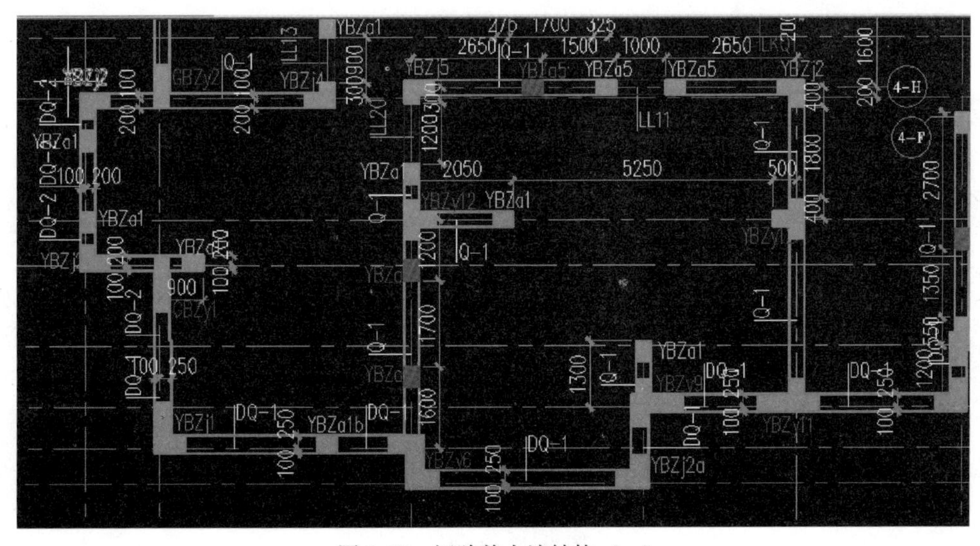

图 1-13　短肢剪力墙结构（一）

	YBZy5	YBZy6	YBZy6a	YBZy7	YBZy8
	?12@150	?12@150		?12@150	?12@150
	300 200 400 200	200 500 200 200 200 300	250 500 200 200 200 300	300 200 500 200 400	200 500 200 200
	YBZy5	YBZy6	YBZy6a	YBZy7	YBZy8
	1	1	1	1	1
	14?14	20?14	20?14	20?14	12?14
	?12@150	?12@150	?12@150	?12@150	?12@150

图 1-14　短肢剪力墙结构（二）

图 1-15　核心筒结构

图 1-16　空间结构

图 1-16　空间结构（续）

知识链接

钢筋混凝土结构应用广泛，如多层公共建筑，高层住宅等；钢结构多用于大型建筑，如体育馆、机场等。

墙承重结构、框架、框剪、剪力墙结构多用于多层和高层建筑；核心筒结构多用于地标级的超高层写字楼；空间结构多用于大空间中间无柱的公共建筑，如礼堂、体育馆等。

第四节　钢筋混凝土的基本知识

重点

1. 钢筋混凝土共同工作的基础条件是什么？
2. 什么是预应力混凝土？

一、钢筋混凝土概述

混凝土是由水泥、砂子、石子、水、外加剂、外掺料按一定比例拌合后，支模、浇筑、振捣成型，在适当的温湿度条件下，经过一段时间凝结硬化所形成的人造石材。在现代泵送技术成熟的前提下，混凝土施工速度、施工质量都较以前有了飞速地提高。

混凝土虽然有很高的抗压强度，但抗拉强度却很小。以梁为例，素混凝土梁在荷载的作用下受弯，上部承受压力，下部承受拉力。由于混凝土抗压能力强而抗拉能力差的特性，下部在受拉破坏时，上部受压能力还远没有充分发挥，整个梁就断裂了，如图 1-17（a）所示。基于这一点，在梁的受拉区配置抗拉能力较强的钢筋来弥补混凝土抗拉能力差的弱点，也就是把钢筋与混凝土这两种材料结合在一起共同工作，钢筋主要负责抗拉，而混凝土主要负责抗压的这种构件就称为钢筋混凝土构件，如图 1-17（b）所示。从图 1-17（b）中可以看到，不但钢筋混凝土梁的承载力得到了很大的提高，其受力破坏的状态也显著改善，不是素混凝土梁的突然断裂，而是先有裂缝然后断裂，给建筑中的人们赢得了逃生的时间。

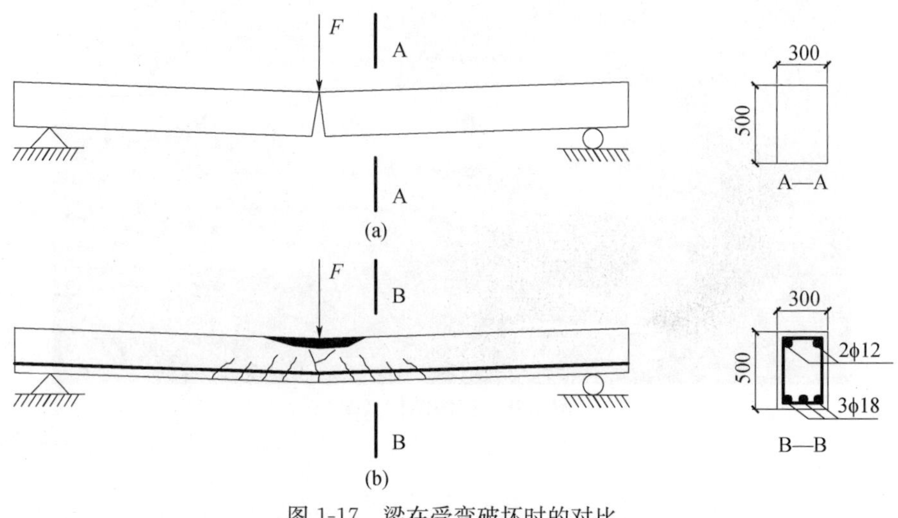

图 1-17　梁在受弯破坏时的对比

（a）素混凝土梁；（b）钢筋混凝土梁

（1）施工工序：放线→支模→绑钢筋→浇筑混凝土→养护→拆模→钢筋混凝土。

（2）特点：混凝土受压、钢筋受拉。承载力提高，受力状态改善。

（3）能共同工作的基础：

1）混凝土凝结硬化过程中对钢筋产生了握裹力。

2）混凝土与钢筋的膨胀系数比较一致。

3）混凝土对钢筋有保护作用（防锈）。

4）混凝土受压，钢筋受拉，优势互补。

二、钢筋混凝土构件的类型和特点

（一）按施工方法分

1. 现浇钢筋混凝土构件

（1）施工工序：构件原位支模→绑筋→浇筑混凝土→养护→钢筋混凝土。

（2）特点：整体性强、抗震好、形状可控；但模板用量大、施工工序多、工期长、劳动强度大、湿作业多，受季节和天气影响较大。

2. 预制装配式钢筋混凝土构件

（1）施工工序：在工厂或现场预制好→吊装→连接→钢筋混凝土。

（2）特点：劳动强度低、节省模板、现场湿作业少、施工速度快、便于工厂化生产，为进一步提高施工质量和文明施工创造条件；但整体性差，抗震能力弱，较少用于民用建筑的结构构件，如预制桩（PHC 桩）、门窗过梁等，但道桥应用较多。

（二）按受力特征分

1. 普通钢筋混凝土

在混凝土中加入钢筋来共同承受荷载的一种组合材料。

2. 预应力钢筋混凝土

(1) 概念：在混凝土构件受拉区预加一定的压力（张拉后的钢筋产生回弹力），用预加压力来抵消构件在使用过程中所产生的一部分拉力，从而提高构件承载能力和减少裂缝的这种钢筋混凝土构件，如图 1-18 所示。

(2) 特点：构件的刚度大，抗裂能力强，可以充分发挥材料的力学性能，节约材料，减轻自重和减少造价，但施工工序多。

(3) 分类

1) 先张法（应用很少）：先张拉钢筋，后浇筑混凝土，如图 1-19 所示。

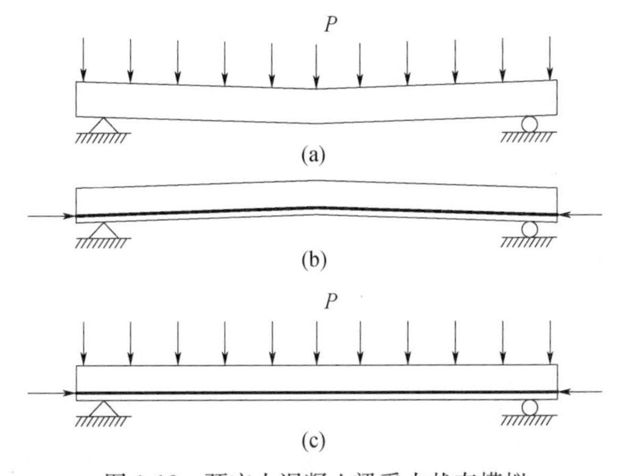

图 1-18　预应力混凝土梁受力状态模拟

(a) 普通混凝土梁受力状态；(b) 无外力作用下预应力梁状态；(c) 受力状态下预应力梁的状态

图 1-19　先张法

2) 后张法（应用相对广泛，尤其是道桥）：先浇筑混凝土，后张拉钢筋，如图 1-20 所示。

图 1-20　后张法

知识链接

（1）水泥水化反应方程式：

$3(CaO \cdot SiO_2) + 6H_2O = 3CaO \cdot 2SiO_2 \cdot 3H_2O$（胶体）$+ 3Ca(OH)_2$（晶体）

$2(2CaO \cdot SiO_2) + 4H_2O = 3CaO \cdot 2SiO_2 \cdot 3H_2O + Ca(OH)_2$（晶体）

$3CaO \cdot Al_2O_3 + 6H_2O = 3CaO \cdot Al_2O_3 \cdot 6H_2O$（晶体）

$4CaO \cdot Al_2O_3 \cdot Fe_2O_3 + 7H_2O = 3CaO \cdot Al_2O_3 \cdot 6H_2O + CaO \cdot Fe_2O_3 \cdot H_2O$（胶体）

（2）搅拌机也称为搅罐，是施工现场最常用的一种机械，如图 1-21 所示。

（3）运输和泵送机械：商品混凝土搅拌运输车、泵车如图 1-22 所示。

图 1-21　搅拌机

图 1-22　商品混凝土运输和泵送机械

（4）离析：混凝土的离析是混凝土拌合物组成材料之间的粘聚力不足以抵抗粗集料下沉，混凝土拌合物成分相互分离，造成内部组成和结构不均匀的现象。通常表现为粗集料与砂浆相互分离，例如密度大的颗粒沉积到拌合物的底部，或者粗集料从拌合物中整体分离出来，当然浇筑混凝土不当也会导致混凝土离析，如图 1-23 所示。

（5）商品混凝土：是指可以用来等价交换的混凝土。（计划经济阶段大多是施工单位现场自行搅拌混凝土。进入市场经济后，由于种种原因，一般工程都禁止使用现场搅拌混凝土，就由固定搅拌场集中搅拌或集中配料，通过专用车辆运到施工现场，以商品形式出售。）

（6）现在的新建建筑多为高层建筑，结构形式以钢筋混凝土框架结构和钢筋混凝土剪力墙结构为主。所以混凝土成形之后的质量好坏直接决定着整个建筑质量的优劣。而涨模是混凝土浇筑过程中最常见的质量缺陷之一，如图 1-24 所示，能否控制好涨模决定了混凝土成形后的质量（包括建筑构件的尺寸、光感等），也就决定了整个建筑的质量。施工现场所说的“涨模少就是好活”就是这个道理。控制涨模的产生，能最大程度地减少剔凿等野蛮施工现象。现将涨模的主要原因总结如下：

1）加固不牢固。

2）模板的质量。

3）施工时看护和交底不到位。

4）混凝土浇筑速度过快，振捣时间过长。

图 1-23　离析

图 1-24　涨模

第五节　建筑构造的基本要求和影响因素

一、建筑构造的基本要求

（1）确保结构安全的要求。建筑物的结构构件，如柱、梁、板等，都是通过结构设计来保证结构安全的；结构安全直接关系到住在建筑物中人们的生命和财产安全，所以要把结构安全放在首位。

（2）满足建筑功能的要求。从建筑的用途方面来说，不同的建筑有不同的功能，如电影院要求有良好的音效；从所处地理环境方面来说，寒冷地区的建筑更看重建筑的保温，炎热地区的建筑更看重通风和隔热。

（3）注重综合效益。尽量就地取材，合理利用资源，降低造价。注重文明施工，最大程度地提高社会、经济和环境的综合效益。

（4）适应建筑工业化的要求。

1）意义：提高施工速度和质量、改善劳动条件、降低劳动强度等。

2）内容：建筑设计标准化；构件生产工厂化；施工机械化；管理科学化、标准化。

（5）满足美观的要求。

二、影响建筑构造的因素

建筑物完工后，受到各种自然因素和人为因素的影响，因此，在建造之前就应考虑各种因素对建筑的影响，只有这样才能保证建筑在使用年限内更好地为人们服务。

（1）荷载的作用。建筑所承受的荷载包括本身的自重、人、家具、设备、风雪、地震等荷载。荷载的大小和作用方式对建筑的结构形式、构件尺寸都有很大影响。如有些大体量建筑中间都有个空洞，就是考虑风荷载对建筑的影响；超高层建筑由于建筑高度高、荷载大所以采用承载力高的深桩基础。

（2）人为因素的作用。人在生产、生活中产生的冲击振动、火灾、噪声等都对建筑的影响较大，都应该设置相应的构造措施，以保证建筑的正常使用。如 KTV 就会产生很大的噪声，所以要对包间内的天花板、墙做隔噪处理。

（3）自然因素的影响。气候（气温、降雨量、风雪等）、地质（地震频率、地基承载力等）、水文（地下水位的高低）等对建筑的影响都很大。如北方比南方冷，所以墙也比南方厚。南方比较潮，所以比较重视通风，明卫生间比北方多。

（4）经济水平的影响。经济基础决定上层建筑。如一线城市的超高层就比二线城市多很多。

知识链接

偷工减料是工程建设的参建各方以自身经济利益为出发点，采取的降低工程质量标准、违反工程施工质量验收规范、逃脱质量监督验收程序的行为，严格意义上说是一种违法行为。尽管一些偷工减料的行为对楼房的主体框架不会造成致命影响，但许多小毛病加在一起，会使楼房抗震和安全标准达不到当初的设计要求。

偷工减料存在的主要形式如下：

1. 钢筋工程

（1）钢筋绑扎过稀，跳绑、漏绑，特别梁底筋漏绑。

（2）框架柱与梁交接处的加密箍往往会少放 1～2 个，有的只有外箍而没有内箍。

（3）钢筋不安装加强筋、附加筋等。

（4）保护层垫块少放或放置不符合要求，特别是梁底，导致漏筋。

（5）钢筋原材不切割平头，直螺纹连接有效丝扣数不足。

（6）采用非国标钢筋。

2. 模板工程

(1) 模板、木枋厚度、尺寸、质量标准达不到要求，钢管扣件厚度过薄，锈蚀严重。

(2) 支模架不设扫地杆，立、横杆间距过大，防滑保险扣件未扣，上部不设纵横水平杆。

(3) 防滑保险扣件未扣，立杆上端伸出顶层水平杆长度超过规范要求。

(4) 模板拼缝过大时不采取有效措施，而使用蛇皮袋堵漏。

(5) 对拉螺杆间距不按方案执行。

(6) 模板加固不到位，造成跑模、胀模。

(7) 柱墙封模前，底部松散，混凝土、锯木灰、杂物等未清理干净；梁底锯木灰、杂物等不清理；柱根部没做凿毛处理。

(8) 混凝土等级相差较大的梁柱接头不用钢丝网等进行拦堵或拦堵不牢固。

3. 混凝土工程

(1) 商品混凝土配合比中水泥掺量偏低，外掺料用量过高。

(2) 在浇筑混凝土前不湿润模板。

(3) 混凝土入泵、浇筑过程中加水。

(4) 混凝土浇筑时不振捣、漏振捣、随意振捣。

(5) 楼板未进行二次抹面、不收光、不浇水养护或养护时间不足。

(6) 施工缝不凿毛，例如，柱墙施工缝处未将松散的混凝土、浮浆清除。

(7) 屋面、卫生间等处吊洞未分两次浇筑，易造成渗漏。

(8) 混凝土浇筑时无钢筋工、木工值班，跑模、涨模无人处理。

(9) 后浇带浇筑时不凿毛、不清理、不抽水、不养护等。

4. 砌体工程

(1) 砌块尺寸偏差较大、养护龄期不足，质量不符合要求。

(2) 砌块不提前湿水，砌体施工时干砖上墙。

(3) 砂浆不饱满。

(4) 砌体拉结筋的植筋锚固长度不足、松动。

(5) 构造柱、施工洞两侧不按规范要求放置拉结筋。

(6) 构造柱顶部混凝土浇筑不密实。

5. 抹灰工程

(1) 抹灰前，不同材质墙体交接处，漏挂网。

(2) 抹灰未做护角、打饼数量过少，抹灰时一次成活，抹灰后未进行养护。

6. 防水工程

(1) 防水材料采用非标产品，如卷材厚度不够等指标不达标。

(2) 防水施工时基层处理不到位，如不坚实、清理不干净；阴阳角未做圆弧角，不做防水附加层。

(3) 卷材搭接不严密，收头不符合要求。

7. 其他材料

半成品、成品材料达不到国家标准要求，也就是常说的“非标”产品，如栏杆用不锈钢管的厚度、瓷砖等装饰材料，很多分包靠以差代优、以次充好来赚取利润。

8. 偷工减料传统防治措施

（1）严格材料验收制度，防范分包靠以差代优、以次充好赚取差价。

（2）事前做好交底，交底内容应可操作，明确工艺流程标准及质量验收标准。对工序较复杂、质量通病频发的部分，一定要样板引路。

（3）过程中要勤复核和检查。

（4）工序完成后要严格验收程序。

（5）对于频发的质量问题要有处罚、修补措施。对屡教不改的作业队、分包商应清退出场。

9. 建筑产业化

目前我国的建设领域普遍采用传统的、落后的粗放式建造方式。多数建筑工人从事的主要是搬砖、砌墙等手工操作的粗活儿。这种现状必然导致生产技术含量低、生产效率低、产品质量低、资源利用率低等一系列问题的出现，偷工减料现象屡禁不止也不足为奇。

目前建筑业的现状与我国大规模的住宅建设任务及社会对住宅高品质的预期，以及严厉的资源环境约束，已形成了必须突围的倒逼机制，解决这些问题的重点就是转变生产方式，即从传统的、粗放的、以分散式的手工和现场湿作业为主的生产方式，转向现代的、集约的、以集中的机器生产和工厂制造为主的产业化方式，从源头、流程和制度上预防施工期间违法分包、转包以及偷工减料等违法行为，克服漏水、开裂等目前常见的质量问题，提升建筑品质、延长寿命。

建筑产业现代化是生产方式的变革，它的特征主要是体现在五个方面：

（1）设计标准化（图 1-25）。

（2）生产工厂化（图 1-26）。

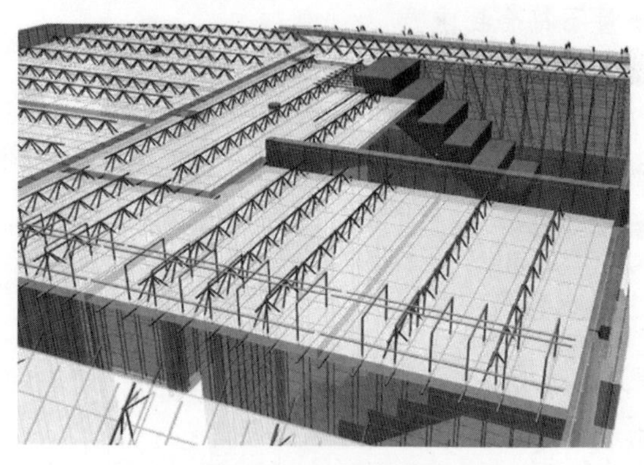

图 1-25　设计标准化

图 1-26　生产工厂化

（3）施工装配化（图 1-27）。

（4）装饰一体化。

（5）管理信息化（BIM 技术的诞生）。

建筑质量不仅关系到楼宇寿命，更关系到所有人的起居环境与人身安全，可谓性命攸关。治病治根儿，根治偷工减料，推进建筑产业现代化才是王道。

图 1-27　施工装配化

第六节　建筑模数协调

一、建筑模数的协调

建筑模数：是选定的尺寸单位，作为建筑轴线间距、构件、建筑制品及有关设备尺寸间相互协调中的增减值单位。

有了建筑模数，才能使建筑施工、建筑制品、建筑构配件及其组合、拼装实现工业化大规模生产和设计集中化。

（1）基本模数 M（100mm）。

（2）扩大模数 3M、6M、9M、12M 等（300、600、900、1200mm 等）。

（3）分模数 1/10、1/5、1/2M 等（10、20、50mm 等）。

二、几种尺寸及其关系

1. 概念

几种尺寸的关系如图 1-28 所示。

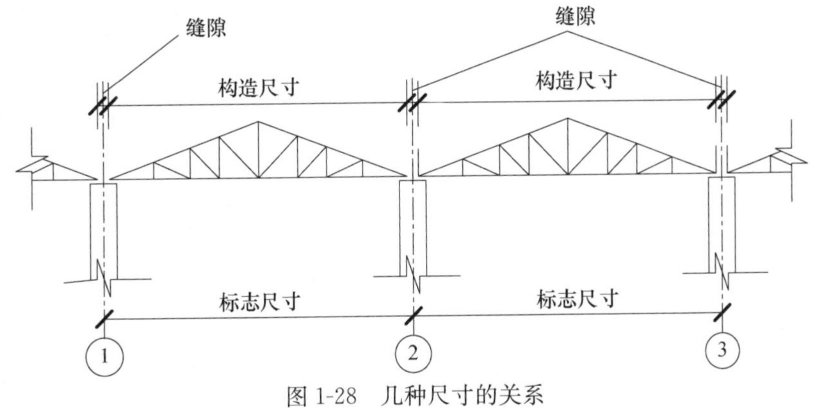

图 1-28　几种尺寸的关系

（1）标志尺寸：图纸中的尺寸，是理论尺寸。

（2）构造尺寸：构件的设计尺寸，是理论尺寸。

（3）实际尺寸：构件制作完成后的实有尺寸，与构件尺寸有一定的误差，但应控制在标准内。

2．关系

（1）标志尺寸＝构造尺寸＋缝隙，如窗洞口尺寸为2100×1800，窗框的尺寸就要比洞口尺寸小，否则安不进去。

（2）构造尺寸≈实际尺寸。

三、定位轴线

定位轴线是确定建筑物主要结构或构件位置及其标志的基准线，是施工中定位放线的重要依据。

建筑有很多条定位轴线，为了区别，对每一条定位轴线进行编号，编号写在轴线端部的圆圈内，如图1-29所示。轴线圈用细实线绘制，直径为8mm，详图为10mm。

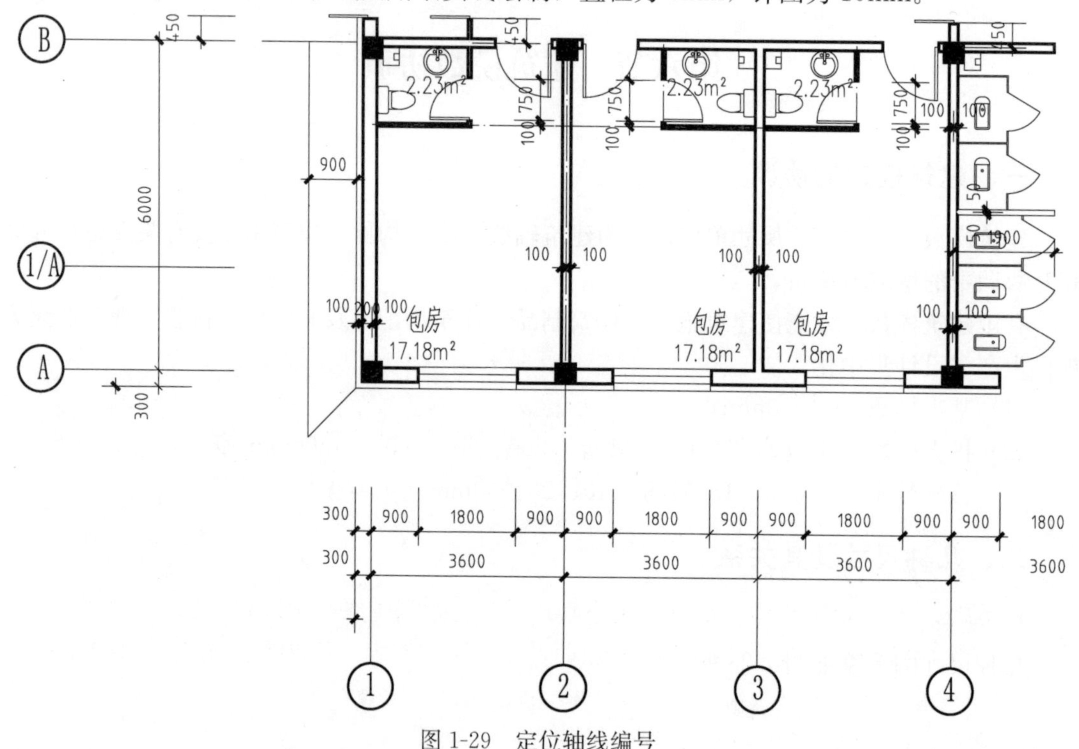

图1-29　定位轴线编号

1．横轴

用阿拉伯数字表示，从左至右编号。

2．纵轴

用大写拉丁字母表示，从下至上编号。为了不与1、0、2等数字混淆，I、O、Z不得用于轴线编号。

定位轴线也可采用分区编号的方法，编号的注写形式为区号－该区轴线号，如图1-30所示。

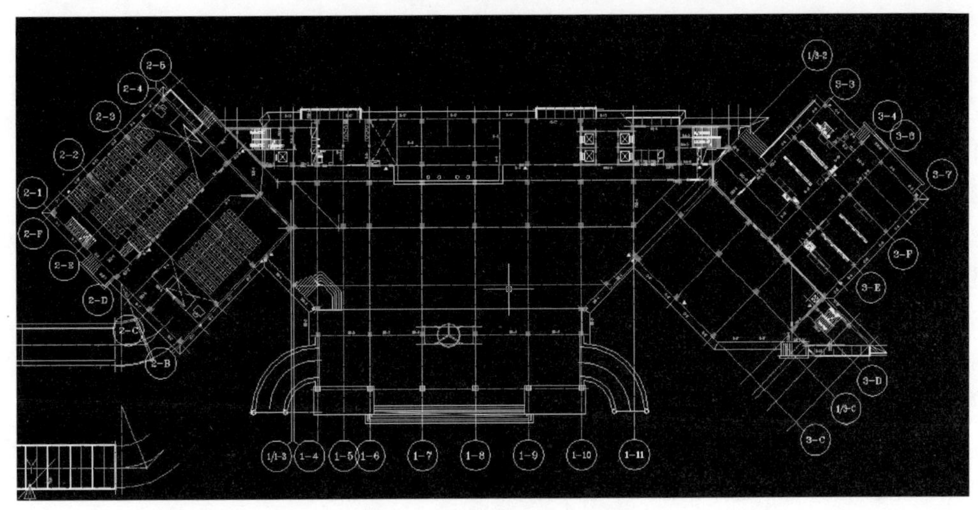

图 1-30　定位轴线分区编号

3. 附加轴线（图 1-29）

当有附加轴线时，附加轴线用分数表示，如 1/3 等。分母用前一轴线编号或后一轴线编号前加 0；分子表示附加轴线的编号，编号用阿拉伯数字注写，如：

(1/A) 表示 A 轴后附加第一根轴线；

(2/0A) 表示 A 轴前附加第二根轴线；

(1/4) 表示 4 轴后附加第一根轴线；

(1/01) 表示 1 轴前附加第一根轴线。

本章作业题

1. 民用建筑的构造组成有哪些？各自的作用和要求有哪些？
2. 建筑的结构类型有哪些？
3. 民用建筑按建筑结构的承重方式分哪几类？各适用于哪些建筑？
4. 建筑物按耐火等级分几级？是根据什么确定的？什么是燃烧性能和耐火极限？
5. 混凝土由哪几种材料组成？
6. 钢筋混凝土构件按施工方法分为哪两种？
7. 钢筋混凝土构件按受力特征分为哪两种？
8. 什么是预应力钢筋混凝土？有何优点？
9. 建筑构造的基本要求有哪些？
10. 影响建筑构造的因素有哪些？
11. 建筑工业化的意义和内容有哪些？
12. 建筑的基本模数是多少？有什么意义？
13. 轴线的意义是什么？
14. 什么是标志尺寸和构造尺寸？它们的关系如何？

本章思考题

1. 什么是相对标高？什么是绝对标高？
2. 什么是板楼？什么是塔楼？
3. 什么是综合体？
4. 什么是裙楼？
5. 低层、多层、高层、超高层，哪个抗震能力强？
6. 你所在学校的寝室食堂、教学楼分别属于什么结构的建筑？
7. 混凝土的种类有哪些？P6 混凝土是什么混凝土？
8. 什么是混凝土的外加剂？起什么作用？
9. 什么是外掺料？起什么作用？掺得过多会产生什么后果？
10. C30 混凝土的抗压设计值是多少？每立方米多少钱？
11. 泵车的型号都有哪些？
12. 泵送混凝土的施工要点主要有哪些？
13. 建筑主材中哪种材料对抗震的贡献最大？
14. 哈尔滨、北京、成都这三个城市的抗震设防烈度各是多少？

第二章　基础与地下室

【知识点及学习要求】

序号	知识点	学习要求
1	地基与基础的概念	了解地基与基础的概念与它们之间的关系，了解地基处理的一般方法
2	基础的类型和构造	掌握各种基础的构造及各自的特点及适用范围
3	桩基础的类型	掌握各种类型桩基础的构造及各自的特点
4	影响基础埋深的因素	了解影响基础埋深的因素
5	地下室构造	了解地下室构造，掌握地下室防水构造

第一节　基本概念

基础是建筑物最下面的构件，埋于地面以下，直接承受建筑物的全部荷载，并把荷载传递给下面的土层（地基）。

基础下面的土层称为地基，承受基础传递下来的荷载。地基质量的好坏直接决定着地基承载能力，而地基承载能力也直接决定着基础的构造形式。地基在荷载的作用下，应力、应变随土层深度的增加而减小，在到达一定深度后，荷载对土粒的影响可以忽略不计。直接承受荷载的土层称为持力层，持力层以下的土层称为下卧层，如图 2-1 所示。

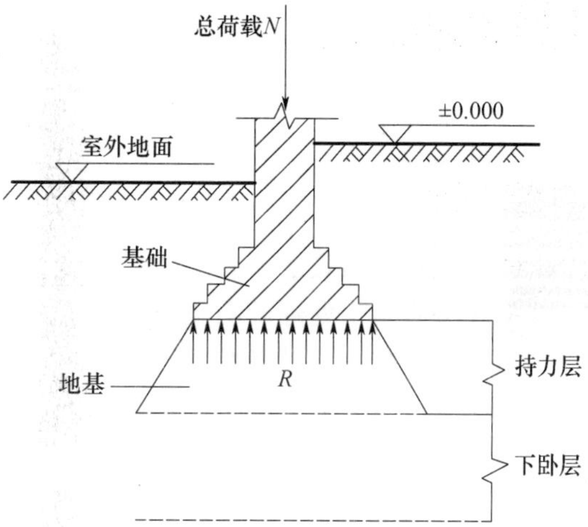

图 2-1　地基、基础与荷载的关系

一、基础与地基

（1）基础：基础是建筑物最下面的构件，它直接与土层相接触，承受并传递建筑物的全部荷载。

（2）地基：基础下面承受荷载的土层。

二、地基承载力（*R*）

（1）概念：地基在稳定状态下，地基所能承受荷载的能力。用 R 表示。

（2）公式：$R \geqslant \frac{N}{A}$（N 为基底荷载，A 为基底面积）

满足上述公式，说明建筑传给基础地面的平均压力不大于地基的承受能力，建筑物才能保持稳定和安全；如不满足上述公式，建筑就会出现较大的沉降量（规定范围以外）。

三、地基的分类

（1）天然地基：天然土层具有足够的承载力，不需要经过人工改良和加固，就可以直接承受建筑全部荷载的地基。

（2）人工地基：当土层的承载能力不足时，必须对土层进行人工加固后才能在上面建造建筑的土层。

四、地基的处理方法

（1）压实法，如图 2-2 所示。

（2）强夯法和强夯置换法，如图 2-3 所示。

图 2-2　压实地基

图 2-3　强夯地基

（3）换土法。

（4）挤密法。

（5）化学加固法。

（6）CFG 桩改良法，如图 2-4 所示。

强夯法适用于处理碎石土、砂土、低饱和度的粉土与黏性土、湿陷性黄土、杂填土和素填土等地基；换土法适用于建筑浅层土质不好或均匀的地基；CFG 桩改良法多用于大面积土质承载力不好的地基。

图 2-4　CFG 改良地基

知识链接

基础沉降分为均匀沉降和不均匀沉降，不均匀沉降的代表建筑就是比萨斜塔，如图 2-5 所示。这种不均匀沉降的现象如果出现在古建筑是一种美，出现在现代建筑就是重大事故。每个建筑物都会存在均匀沉降，但沉降量要控制在规定范围。GB 50007—2011《建筑地基基础设计规范》表 5.3.4 中对建筑物各种结构的允许变形都是相对值，其中唯体型简单的高层建筑的平均沉降量≯200mm；随着沉降量的增加，地基地的密实度会进一步提高，进而地基承载力上升到足以承受上部传下来的荷载，建筑稳定。

图 2-5　比萨斜塔

第二节　基础的类型和构造

重点

基础按构造形式分为哪几种？各自的特点及适用范围是什么？

一、按基础材料分类

1. 砖基础

用砖组砌而形成的基础，因承载能力弱，抗拉抗变形能力弱，较为少用，如图 2-6 所示。

2. 毛石基础

用毛石与水泥砂浆砌筑形成，多用于农村的平房，如图 2-7 所示。

图 2-6　砖基础

图 2-7　毛石基础

3. 灰土基础

砖基础下设灰土垫层，灰土［CaO、Ca（OH)$_2$］水化后和土壤中的二氧化硅或三氧化二铝以及三氧化二铁等物质结合，即可生成胶结体的硅酸钙、铝酸钙以及铁酸钙，将土壤胶结起来，使灰土有较高的强度和抗水性。灰土逐渐硬化，增加了土壤颗粒间的附着强度，这种基础称为灰土基础。

4. 三合土基础

由石灰、砂、碎砖等三种材料，按 1∶2∶4～1∶3∶6 的体积比进行配合。三合土基础的总厚度大于 300mm，基础宽度大于 600mm。三合土铺筑至设计标高后，在最后一遍夯打时，宜浇注石灰浆，待表面灰浆略为风干后，再铺上一层砂子，最后整平夯实。这种基础在我国南方地区的低层和多层应用很广。它的造价低廉，施工简单，但强度较低，所以只能用于四层以下的房屋基础。

5. 钢筋混凝土基础

钢筋混凝土条形基础如图 2-8 所示。

图 2-8　钢筋混凝土条形基础

二、按基础的构造形式分类

1. 条形基础

(1) 概念：基础为连续的长条形状，一般用于墙下或柱下，地基承载能力差时，与桩联合作用，条形基础在这种情况下称为承台梁。

(2) 施工工序：放线→挖基槽→打垫层→放线（条基外轮廓）→支模→绑筋→浇筑混凝土→条形基础，如图 2-9～图 2-11 所示。

条形基础
浇筑混凝土

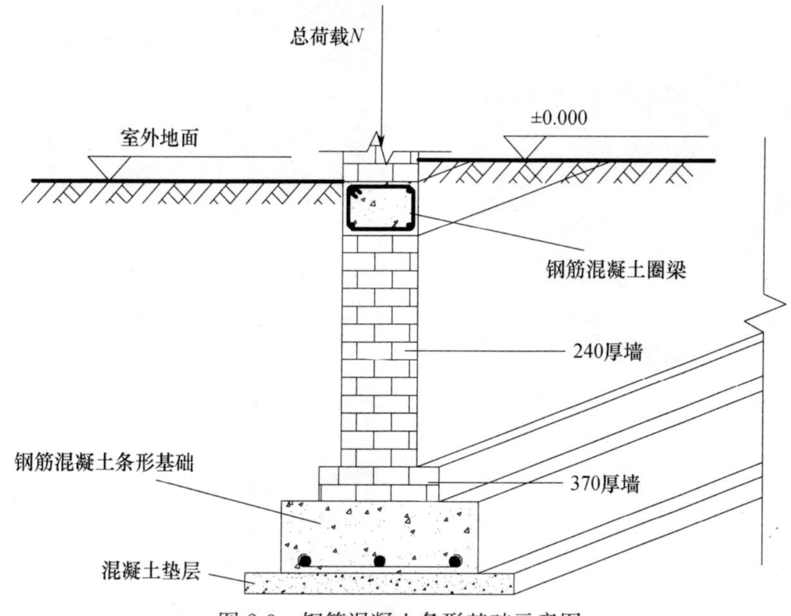

图 2-9　钢筋混凝土条形基础示意图

图 2-10　垫层

图 2-11　钢筋混凝土条形基础

图 2-11　钢筋混凝土条形基础（续）

（3）特点：整体性好、挖土深度浅、造价低、承载力有限，适用于荷载不大的多层建筑。

（4）配筋特征：短向为受力钢筋，长向为分布钢筋，受力钢筋在下，分布钢筋在上。

（5）适用范围：多用于墙承重结构的建筑。

2. 独立基础

（1）概念：当建筑采用柱承重时，将柱下扩大形成独立基础。

（2）施工工序：放线→挖基坑→打垫层→放线（独基外轮廓）→支模→绑筋→浇筑混凝土→独立基础，如图 2-12、图 2-13 所示。

独立基础浇筑混凝土

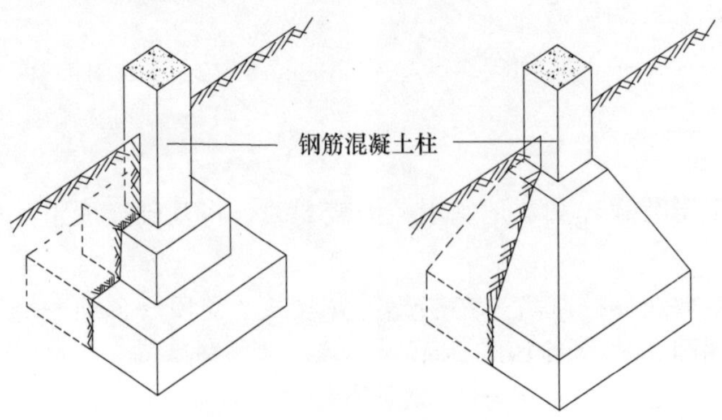

图 2-12　独立基础示意图

图 2-13　独立基础

（3）特点：土方工程量小，便于地下管道的穿越，整体性差。

（4）分类：阶形基础、坡形基础。

（5）适用范围：多用于土质均匀、荷载均匀的骨架结构建筑中，如厂房等。多和地下基础梁配合使用。

3. 筏板基础

（1）概念：当上部荷载较大，地基承载力较弱时，将基础连成整片形成筏板基础。

（2）施工工序：放线→挖基坑→垫层施工→放线→支模→绑筋→浇筑混凝土→筏板基础，如图 2-14、图 2-15 所示。

筏板基础
浇筑混凝土

基础混凝土供货单如图 2-16 所示。

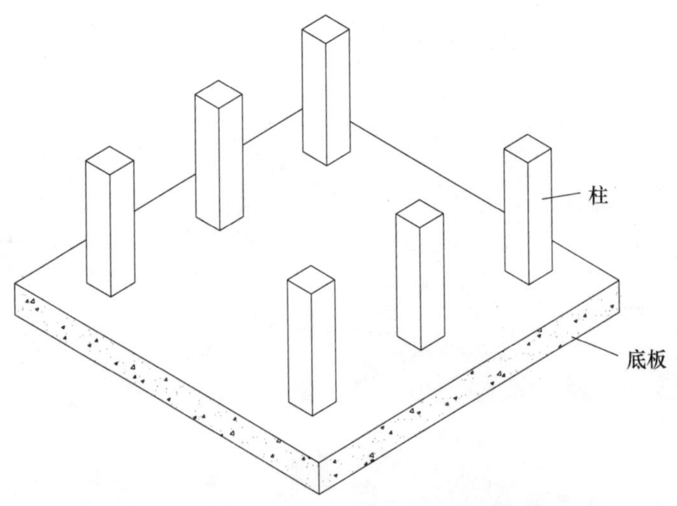

图 2-14　筏板基础示意图

图 2-15　筏板基础

（3）特点：整体性好，抵抗不均匀沉降能力强，减少基底压力，工期长，造价高。

（4）适用范围：适用于高层带地下室或土质不好地区的建筑，多和桩基础配合使用。

4．桩基础

当建筑物荷载较大，地基软弱土层厚度在 5m 以上时，对软弱土层进行人工处理困难和不经济，采用桩基础就能解决这些问题。

（1）组成：桩身、承台，像凳子，承台相当于凳板，桩相当于凳腿，如图 2-17、图 2-18 所示。

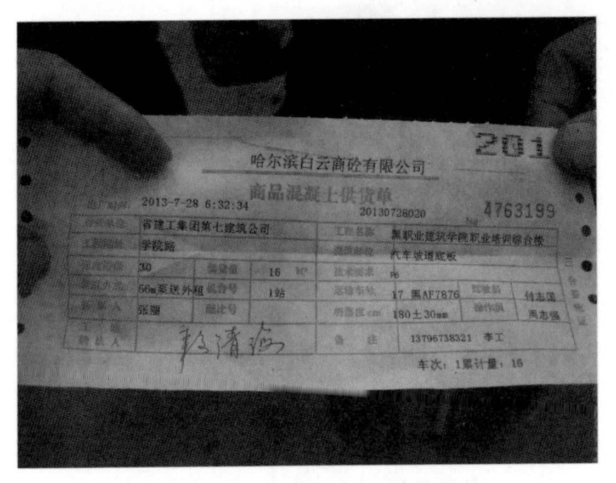

201

哈尔滨白云商砼有限公司

商品混凝土供货单

2013-7-28 6:32:34　20130728020　4763199

省建工集团第七建筑公司　黑职业建筑学院职业培训综合楼

学院路　汽车坡道底板

30　16　P6

56m泵送外租　1站　17　黑AF7876　付志国

张珊　180±30mm　周志强

13796738321　李工

车次：1累计量：16

图 2-16　基础混凝土供货单

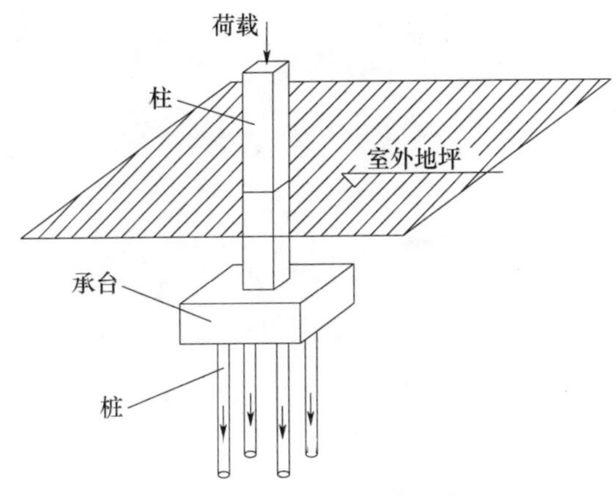

图 2-17　桩基础和承台示意图

图 2-18　桩基础和承台

(2) 施工工序：放线（桩点）→打灰柱→桩车就位→打桩→挖承台土→破桩头→打垫层→放线（承台外轮廓）→支模板→绑钢筋→浇筑混凝土→桩基础，如图 2-19～图 2-22 所示。

桩基础施工

图 2-19　桩基础放线

图 2-20　桩基础打桩

图 2-21　桩基础钢筋笼子

图 2-22　超流态钻孔灌注桩桩车

(3) 特点：承载能力大，稳定性好，施工速度快，造价高，基础埋深不受限制，施工不受季节限制。

(4) 适用范围：多用于土质差地区、建筑物荷载大的高层建筑。

知识链接

(1) 灰土由石灰和黏土按 3∶7（37 灰土）或 2∶8（28 灰土）比例拌合形成。施工时分若干层虚铺，然后压实，一般铺 200mm，压实后 150mm，3 层。

(2) 三合土由三种材料（如石灰、黏土和细砂）组成，其实际配比视泥土的含沙量而定。经分层夯实，具有一定强度和耐水性，多用于建筑物的基础或路面垫层。

(3) 刚性基础中没设钢筋，故抗拉及抗剪强度偏低，受刚性角的限制；用抗拉、抗压、抗弯、抗剪均较好的钢筋混凝土材料做基础（不受刚性角的限制）称为柔性基础，用于地基承载力较差、上部荷载较大、设有地下室且基础埋深较大的建筑。在混凝土基础底部配置受力钢筋，利用钢筋受拉，这样基础可以承受弯矩，也就不受刚性角的限制。

(4) 基础大多下设 10cm 的 C10 混凝土垫层。垫层是钢筋混凝土基础与地基土的中间层，材料采用素混凝土，无需加钢筋。其主要作用为找平、隔离和过渡作用，好比鞋垫，不垫肯定不舒服。归纳如下：

1) 方便施工放线、支基础模板给基础钢筋做保护层等。

2) 确保基础底板筋的有效位置，保护层好控制；使底筋和土壤隔离不受侵蚀。

3) 方便基础底面做防水层。

4) 找平，通过调整厚度弥补土方开挖的误差，使底板受力在一个平面，也不浪费基础的高标号混凝土。

(5) 独立基础一般设在柱下，常用断面形式有踏步形、锥形、杯形。材料通常采用钢筋混凝土、素混凝土等。当柱为现浇时，独立基础与柱子是整浇在一起的；当柱子为预制时，通常将基础做成杯口形，然后将柱子插入，并用细石混凝土嵌固，此时称为杯口基础。独立基础如果坐落在几个轴线交点上承载几个独立柱，称为联合独立基础。

(6) 筏板基础施工，混凝土浇筑完毕，应洒水养护的时间为：底板混凝土为抗渗混凝土 P6，养护周期不少于 14 天。筏板基础也属于扩展基础的一种，一般用于高层框架、框剪、剪力墙结构，当采用条形基础不能满足地基承载力要求时，或当建筑物要求基础有足够刚度以调节不均匀沉降时使用。桩筏基础是现在高层和超高层最常用的一种组合基础形式。

(7) 桩基础常识：

1) 桩支承于坚硬的（基岩、密实的卵砾石层）或较硬的（硬塑黏性土、中密砂等）持力层，具有很高的竖向单桩承载力或群桩承载力，足以承担高层建筑的全部竖向荷载（包括偏心荷载）。

2) 桩基具有很大的竖向单桩刚度（端承桩）或群刚度（摩擦桩），在自重或相邻荷载影响下，不产生过大的不均匀沉降，并确保建筑物的倾斜不超过允许范围。

3) 凭借巨大的单桩侧向刚度（大直径桩）或群桩基础的侧向刚度及其整体抗倾覆能力，抵御由于风和地震引起的水平荷载与力矩荷载，保证高层建筑的抗倾覆稳定性。

4) 桩身穿过可液化土层而支承于稳定的坚实土层或嵌固于基岩，在地震造成浅部土层液化与震陷的情况下，桩基凭靠深部稳固土层仍具有足够的抗压与抗拔承载力，从而确保高层建筑的稳定，且不产生过大的沉陷与倾斜。常用的桩型主要有预制钢筋混凝土桩、预应力钢筋混凝土桩、钻（冲）孔灌注桩、人工挖孔灌注桩、钢管桩等，其适用条件和要求在JGJ 94—2008《建筑桩基技术规范》中均有规定。

5）桩基础也经常与条形基础、独立基础、筏板基础联合使用（取长补短），桩在下，条、独、筏在上形成联合基础，称为桩条基础、桩独基础、桩筏基础。

第三节　桩基础

重点

1. 高层建筑常用的桩基础形式有哪几种？
2. 超流态钻孔灌注桩和静压桩的施工工序有哪些？

当建筑高度较高、荷载较大、地基承载力差、人工处理较困难的时候，为了使基础具有足够的稳定性和承载能力，人们通常采用深基础，也就是桩基础这种基础形式。

一、按受力特点分类

（1）摩擦桩：依靠桩身与周围土层之间产生的摩擦力来抵抗上部荷载的桩基础，如图2-23（a）所示。

（2）端承桩：上部荷载主要依靠桩基础下面坚硬土层来支撑，如图2-23（b）所示。

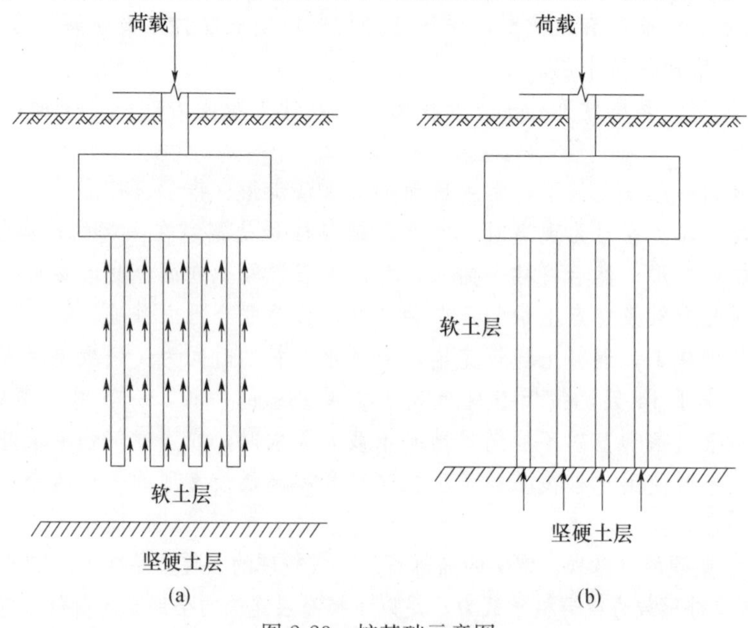

图2-23　桩基础示意图

（a）摩擦桩；（b）端承桩

二、按材料分类

（1）木桩。

（2）钢筋混凝土桩（高层住宅和公共建筑）。

（3）钢桩（超高层）。

三、按断面形式不同分类

（1）圆形。

（2）方形（预制桩）。

（3）环形（预制管桩）。

（4）工字桩（挡土桩）。

四、按施工方法分类

（一）预制钢筋混凝土桩

锤击桩基础施工

1. 打入桩

（1）概念：靠桩锤的冲击能量将预制桩打（压）入土中，使土被压挤密实，以达到加固地基的作用。沉入桩所用的基桩主要为预制的钢筋混凝土桩和预应力混凝土桩，如图 2-24 所示。

图 2-24　打入桩

（2）特点：桩身质量易于控制，质量可靠；沉入施工工序简单，工效高，能保证质量；易于水上施工；多数情况下施工噪声和振动的公害大，不易于市区施工；受运输和起吊等设备条件限制，单节长度有限；不易穿透较厚的坚硬地层。

（3）适用范围：噪声大，用于离市区较远的建筑。

2. 振入桩

适用范围：多用于基坑不深的挡土桩，如图 2-25 所示。

静压桩基础施工

3. 静压桩

（1）概念：通过静力压桩机的压桩机构以压桩机自重和机架上的配重提供反力而将预制桩压入土中的沉桩工艺，如图 2-26 所示。

图 2-25　振入桩

图 2-26　静压桩

（2）特点：无噪声，承载能力高，质量容易控制，施工速度快，造价高，湿作业少。

（3）适用范围：适用于荷载较大的建筑。

（二）现浇钢筋混凝土桩

1. 沉管灌注桩

（1）概念：利用沉桩设备，将带有钢筋混凝土桩靴（活瓣式桩靴）的钢管沉入土中，形成桩孔，然后放入钢筋骨架并浇筑混凝土，随之拔出套管，利用拔管时的振动将混凝土捣实，以便形成所需要的灌注桩。利用锤击沉桩设备沉管、拔管成桩，称为锤击沉管灌注桩。利用振动器振动沉管、拔管成桩，称为振动沉管灌注桩，如图 2-27 所示。

图 2-27　沉管灌注桩

（2）优点：与一般钻孔灌注桩比，沉管灌注桩避免了一般钻孔灌注桩桩尖浮土造成的桩身下沉、持力不足的问题，同时也有效改善了桩身表面浮浆现象。另外，该工艺也更节省材料。但是施工质量不易控制，拔管过快容易造成桩身缩颈，而且由于是挤土桩，先期浇注好的桩易受到挤土效应而产生倾斜断裂，甚至错位。

（3）缺点：由于施工过程中，锤击会产生较大噪声，振动会影响周围建筑物，故不太适合在市区运用，已有一些城市在市区禁止使用。这种工艺非常适合土质疏松、地质状况比较复杂的地区，但遇到土层有较大孤石时，该工艺无法实施，应改用其他工艺穿过孤石。

（4）适用范围：适用于多层建筑。

2. 超流态钻孔灌注桩

超流态钻孔
灌注桩施工

（1）概念：采用长螺旋钻孔机，其速转高、扭矩低、进钻阻力小、效率高，能做到边钻进边自动输土出孔，钻到设计深度后提钻，边提钻边浇注混凝土（混凝土泵将塌落度 22～25cm 的混凝土通过高压胶管、钻杆，从钻头底部通孔排出），直至钻杆拔出钻孔，停止浇混凝土，然后插入钢筋笼子所形成的桩基础，如图 2-28 所示。

图 2-28　超流态钻孔灌注桩

图 2-28　超流态钻孔灌注桩（续）

图 2-28　超流态钻孔灌注桩（续）

（2）特点：施工作业快，造价相对静压桩少，桩身质量难控制，湿作业多，工作环境差。

（3）适用范围：适用于地质条件不好、承载力要求较高的高层建筑。

3. 人工挖孔灌注桩

（1）概念：人工挖孔灌注桩是一种通过人工开挖而形成井筒的灌注桩成孔工艺，如图 2-29所示。

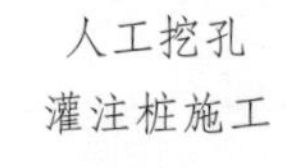

人工挖孔灌注桩施工

图 2-29　人工挖孔灌注桩

图 2-29　人工挖孔灌注桩（续）

（2）特点：适用于旱地或少水且较密实的土质或岩石地层，因其占施工用场地少、成本较低、工艺简单、易于控制质量且施工时不易产生污染等优点而广泛应用于桥梁桩基工程的施工中。

（3）适用范围：适用于持力层在地下水位以上、对单桩承载力要求较高的建筑。

知识链接

（1）没有一种桩只贡献摩擦力或端承力，所有的桩在土中都依靠与土产生的摩擦力和端承力这两种叠加在一起的力来承受建筑传下来的荷载，只是比例各有不同。现浇桩摩擦力所占比例较大，而预制桩端承力所占比例较大。

（2）桩锤有落锤、蒸汽锤、柴油锤和液压锤，目前应用最多的是柴油锤。柴油锤是利用燃油爆炸推动活塞往复运动而锤击打桩，活塞重量从几百公斤到数吨。

（3）压桩施工要点：

1）压桩应连续进行，因故停歇时间不宜过长，否则压桩力将大幅度增长而导致桩压不下去或浮机。

2）压桩的终压控制很重要。一般对纯摩擦桩，终压时以设计桩长为控制条件；对长度大于 21m 的端承摩擦型静压桩，应以设计桩长控制为主，终压力值作对照；对一些设计承载力较高的桩基，终压力值宜尽量接近压桩机满载值；对长 14～21m 的静压桩，应以终压力值为终压控制条件；对桩周土质较差且设计承载力较高的，宜复压 1～2 次为佳，对长度小于 14m 的桩，宜连续多次复压，特别对于长度小于 8m 的短桩，连续复压的次数应适当增加。

3）静力压桩单桩竖向承载力，可通过桩的终止压力值大致判断。如判断的终止压力值不能满足设计要求，应立即采取送桩加深处理或补桩，以保证桩基的施工质量。

（4）为了提高桩的质量和承载能力，沉管灌注桩常采用单打法、复打法、反插法等施工工艺。单打法（又称一次拔管法）：拔管时，每提升 0.5～1.0m，振动 5～10s，然后再拔管 0.5～1.0m，这样反复进行，直至全部拔出；复打法：在同一桩孔内连续进行两次单打，或根据需要进行局部复打。施工时，应保证前后两次沉管轴线重合，并在混凝土初凝之前进行。

（5）灌注混凝土操作要点：

1）避免导管或钻杆堵塞。对于刚连接完的混凝土导管，在第一次泵送混凝土之前，一定要先向导管内泵送足量的水，保证输送混凝土的导管内壁被水浸透。同时，第一次泵送的混凝土塌落度要适当增大，水泥用量要适当增大，以保证混凝土的顺利运送，不出现堵导管或堵钻情况，并能保证第一根桩混凝土的配比。在连续施工中，还要保证混凝土在导管中处于经常流动状态，避免间歇过大，影响混凝土正常输送。

2）控制好提钻速度。向孔内泵送混凝土时，提钻速度不能太快，太快会使钻头提出混凝土面，立刻会有杂质涌进来填充钻头和混凝土面之间的空隙，形成断桩。尤其是为了充分保证桩头部分的质量，会有掺有杂质的混凝土溢出孔口，给现场施工及后续工程施工带来不利影响（相邻桩点被溢出的混凝土覆盖，不好找桩点）。

第四节　影响基础埋深的因素

一、基础的埋置深度

室外设计地面到基础底面的垂直距离称为基础的埋置深度（图 2-30）。基础最小的埋置深度不能小于 500mm，否则就极易失去稳定性而导致建筑倒塌。埋深大于或等于 5m 或埋深大于或等于基础宽度的 4 倍的基础称为深基础，多用于地基质量不好的多层建筑或高度较高、荷载较大的高层建筑建筑；埋深在 0.5～5m 之间或埋深小于基础宽度的 4 倍的基础称为浅基础，多用于高度不高、荷载较小的低层或多层建筑。

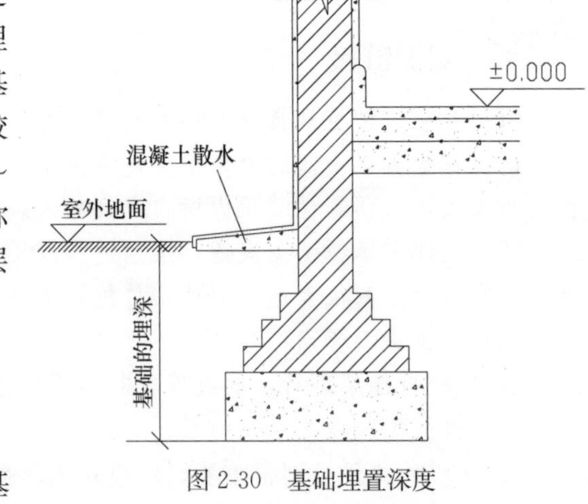

图 2-30　基础埋置深度

二、影响基础埋深的因素

1. 建筑物的自身特性

包括建筑物的用途，有无地下室、设备基础和地下设施，基础的形式和构造。当建筑物设置地下室、设备基础或地下设施时，基础埋深应满足使用要求。高层建筑基础埋深应随建筑高度的增大而增大，才能满足稳定性要求。

2. 作用在地基上的荷载大小和性质

一般荷载较大时应加大基础埋深；受上拔力的基础应有较大埋深，以满足抗拔力的要求。

3. 工程地质和水文地质条件

基础应建立在坚实可靠的地基上，不能设置在承载力低、压缩性高的软弱土层上。如果地基土质好、承载力高，基础应尽量浅埋，这样造价更低。

存在地下水时，如黏性土遇水后，含水量增加，体积膨胀，使土的承载力下降。含有侵蚀性物质的地下水，对基础将产生腐蚀。

4. 相邻建筑物的基础埋深

当在建建筑旁边有建筑时，原则上新建建筑的基础埋深不应大于原有建筑，以保证原有建筑的安全；当新建建筑基础埋深大于原有建筑时，为了不破坏原有建筑基础的地基地土，除了应与原有建筑保持一定距离外，还应对新建建筑的基坑有加固支撑、打板桩、地下连续墙等施工措施。

5. 地基土冻胀和融陷的影响

冰冻线是地面以下冻土与非冻土的分界线，从地面到冰冻线的垂直距离即为土的冻结深度。冰冻线以上的土在冬季会受冷结冰，使土体膨胀，这种现象称为冻胀现象。而解冻后又会收缩，致使基础产生升降，进而使建筑物产生变形和裂缝。土壤中含水率越高，冻胀就越剧烈，当然地下水位越高，也是如此。如碎石、粗砂、中砂等颗粒较粗，颗粒间孔隙较大，水的毛细作用不明显，冻胀也就不明显。一般基础应设置在冰冻线以下约 200mm。

对于季节冰冻地区（如哈尔滨等），为避免建筑基础受地基土冻融影响产生变形、移动或破坏，应使基础底面低于冻结深度。如哈尔滨冻土深度 1.8～2m，浅基础挖土深度应不低于 2m。

知识链接

1. 基础有高差

(1) 放台阶的方式解决落差。根据土质的好坏，采用 1：1～1：2 放台阶。

(2) 如果落差太大，将低处用毛石混凝土填高，用 C10 毛石混凝土（毛石采用 MU30，掺入量 30%）。

2. 地基存在枯井、空洞的处理方法

(1) 枯井、墓穴、沟道及其他空洞的处理要根据场地具体条件确定，要查清空洞、沟道的位埋深、走向、覆盖土情况及周围地质情况，以及自身结构情况，要掌握工程地质勘察资料、建筑物上部结构及基础形式，综合分析后，确定处理方法。

(2) 要注意地基处理不可局部过硬，否则易造成地基不均匀。

(3) 要重视对空洞及沟道的处理。要将空洞及沟道处理视为地基处理的重要组成部分，要与全部地基处理相结合，使处理后的地基均匀一致。同时，不可只依赖加大基面而忽视地基处理，否则将导致工程质量问题。

(4) 要重视工程地质勘察。对于地质情况较复杂的地基，一定要适当多布一些钻孔，要彻底了解地质情况，以便为处理空洞及沟道提供可靠依据。避免事先做一般勘察，开槽后出现问题，临时确定处理方法，既费工费时，又延误工期，且有时处理结果还不够理想。

第五节　地下室构造

地下室是建筑物底层下面的房间。现在城市新建建筑多为高层建筑，为增加车位数量和提高土地使用率，高层建筑下都设有地下室。当建筑设有地下室时，基础的埋深就可以更深一些，对于高度较高的建筑，既提高了土地使用率，又提高了建筑的稳定性，所以设置地下室有既经济价值，又有使用价值。

一、分类

1. 按功能分类

（1）普通地下室：是建筑空间向地下的延伸，一般有单层或多层。住宅地下室由于其自身特点，如采光通风不好、容易受潮等，使用功能多为车库；而商业地下室采用了通风系统等措施，可用作商场、餐厅、娱乐场等。

（2）人防地下室：利用地下室由厚土覆盖受外界影响小的特点，按照国家对人防地下室的建设规范而建造的地下室，作为备战之用。人防地下室应按照防空管理部门的要求，在平面布局、构造、结构、设备等方面采取特殊方案。同时，还要考虑和平时期对人防地下室的利用，使人防地下室做到平战结合，如图 2-31 所示。

2. 按地下室顶板标高与室外地面的位置分类

（1）半地下室：地下室地面低于室外地坪高度，为该房间净高的 1/3～1/2 的地下室称为半地下室。

（2）全地下室：地下室顶板标高低于室外地面标高，或地下室地面低于室外地坪高度，超过该房间净高的 1/2 时，称为全地下室。

二、意义

增加建筑的稳定性，合理利用空间，提高建设用地的使用率，增加收益。

三、组成

（1）底板：主要承受地下室的使用荷载和地下水浮力等，所以要求底板具有足够的强度、刚度和抗渗能力，一般采用 P6 抗渗混凝土，如图 2-32 所示。

图 2-31　人防地下室

图 2-32　地下室底板

（2）墙体：地下室墙体都为钢筋混凝土墙，不仅要承受上部传下来的荷载，还要承受土、地下水的侵蚀和侧压力，如图 2-33 所示。

（3）楼梯。

（4）门窗：地下室窗如图 2-34 所示。

（5）采光井：采光、通风，如图 2-35 所示。

（6）顶板：一层底板。

图 2-33　地下室墙体

图 2-34　地下室窗

图 2-35　采光井

四、防水

在地下水的作用下，地下室的底板和墙体长期受到水的侵蚀。底板受浮力作用，墙体受水的侧压力作用，在压力的作用下，水具有非常强的渗透能力，所以地下室必须做防水。

卷材防水因其能够适应建构结构的微变形，所以比较常用，一般采用高聚物改性沥青防水卷材（SBS卷材）或合成高分子防水卷材（SBC120丙纶布），用热熔或胶粘的方法形成防水层。

外包防水是将防水层做在迎水面，即在地下室的底板外和外墙外侧做防水，属于主动防水。其构造要点是先做底板防水层并留茬，将墙体的防水层与其搭接，并高出地下水位0.5～1m。然后在墙体外侧做保温层和半砖墙的保护层，并与墙体防潮层连接，如图2-36、图2-37所示。

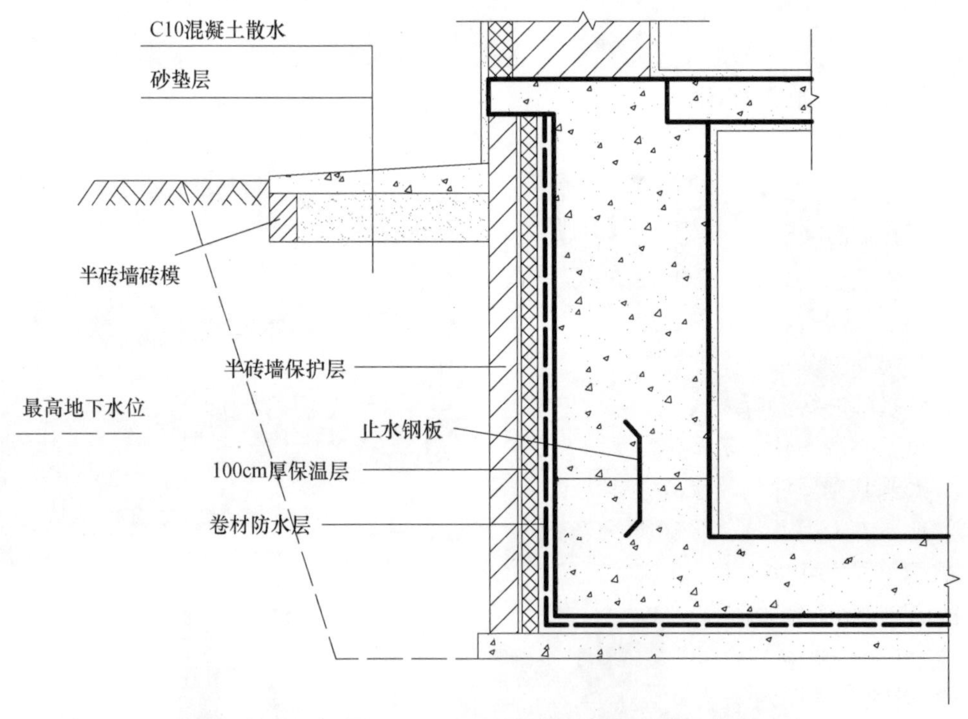

图2-36　地下室防水示意图

图2-37　地下室防水保护层

图 2-37　地下室防水保护层（续）

本章作业题

1. 地基加固的方法有哪些?
2. 解释地基、基础、采光井的含义。
3. 基础按构造形式分哪几类? 各自的适用范围如何?
4. 常用的桩基础有哪些类型? 各自的特点是什么?
5. 桩基础的特点有哪些?
6. 图示并说明什么是基础埋深。
7. 影响基础埋深的因素有哪些?
8. 地下室由哪几部分组成?
9. 图示采光井的构造。
10. 图示地下室采用卷材防水时的构造。
11. 什么是全地下室、半地下室?
12. 什么是人防地下室?

本章思考题

1. 简述超流态钻孔灌注桩和静压桩各自的特点和适用范围。
2. 超流态钻孔灌注桩易出现哪些质量缺陷? 控制措施是什么?
3. 静压桩易出现哪些质量缺陷? 控制措施是什么?
4. 人工挖孔灌注桩施工要注意的事项有哪些?
5. 超流态钻孔灌注桩钢筋笼子插不下去怎么办?
6. 什么是刚性角?
7. 影响基础构造的因素有哪些?
8. 什么是刚度?
9. 什么是偏心荷载?

第三章　墙　　体

【知识点及学习要求】

序号	知识点	学习要求
1	墙体的类型及要求	了解各种墙体的特点、适用范围及要求
2	砖墙的基本构造	掌握砖墙的基本构造
3	砌块墙的构造	掌握砌块墙的构造
4	墙体的细部构造	了解墙体的细部构造
5	隔墙与隔断的构造	了解隔墙与隔断的构造
6	墙面的装修构造	了解墙面的各种装修构造

第一节　墙体的类型及设计要求

重点

1. 墙体的作用有哪些?
2. 墙体的类型有哪些?

一、概述

墙体是建筑最重要的竖向构件，在整个建筑中所占的重量和造价的比重较大。墙体的主要作用为承重、围护和分隔，如图 3-1～图 3-3 所示。不同类型的墙体由不同的工种来施工，如钢筋混凝土墙在施工现场主要是由钢筋工、模板工、力工来进行施工，而砌体墙，如砖墙、砌块墙则由瓦匠和力工进行施工。

图 3-1　钢筋混凝土墙

图 3-2　框架结构填充墙

图 3-3　卫生间隔墙

二、墙体的类型

墙体的位置和名称如图 3-4 所示。

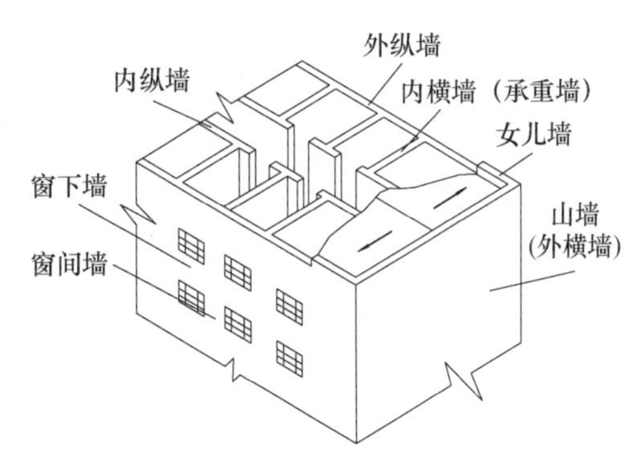

图 3-4　墙体的位置和名称

1. 按墙体的位置分类

（1）内墙：位于建筑内部的墙。

（2）外墙：位于建筑四周与外界直接接触的墙。

2. 按墙体的方向分类

（1）纵墙：沿建筑长轴方向布置的墙。

（2）横墙：沿建筑短轴方向布置的墙。

3. 按墙体的受力情况分类

（1）承重墙：直接承受上部屋顶、楼板传下来的荷载的墙。

（2）非承重墙：不承受上部楼层荷载的墙体，只起分隔空间等作用的墙体。

1）自承重墙。

2）框架填充墙。

3）隔墙。

4）幕墙，如图 3-5 所示。

4. 按墙体的材料分类

（1）砖墙，如图 3-6 所示。

砖墙的摆底与砌筑

图 3-5　玻璃幕墙

图 3-6　砖墙

（2）砌块墙，如图 3-7 所示。

砌块墙的砌筑

图 3-7　砌块墙

（3）钢筋混凝土墙，也称钢筋混凝土剪力墙。钢筋混凝土剪力墙是用钢筋混凝土墙板来代替框架结构中的梁柱，墙与楼板组成受力体系来承担各类荷载引起的内力，除了承受竖向荷载外，还承受水平荷载（风荷载等）。在高层和超高层结构中，水平荷载对建筑的影响非常大，建筑需要很大的抗侧移能力，故使用剪力墙结构居多，如图 3-8 所示。

1）施工工序：绑钢筋→支模板→浇筑混凝土。

2）组成：剪力墙柱、剪力墙梁、剪力墙身。

3）作用：承担竖向荷载（重力），抵抗水平荷载（风、地震等）。

4）优点：承受竖向荷载和水平剪力能力强、刚度大。

5）缺点：不能拆除，灵活性差，不利于形成大空间，造价高，施工相对复杂。

（4）幕墙：幕墙是建筑的外围护墙，不承重，像幕布一样挂上去，故又称为“帷幕墙”，是现代大型和高层建筑常用的带有装饰效果的墙体。幕墙由面板和支承结构体系组成，可相对主体结构有一定位移能力或自身有一定变形能力，是不承担主体结构荷载的建筑外围护结构或装饰性结构，是包围在主结构的外围而使整栋建筑达到美观的外墙工法。简言之，是给建筑穿上一件漂亮的外衣。

1）玻璃幕墙：由玻璃面板和支承结构体系组成，是一种美观的建筑外墙装饰方法，超高层的必选，否则会非常压抑，如图 3-9、图 3-10 所示。

图 3-8 钢筋混凝土墙

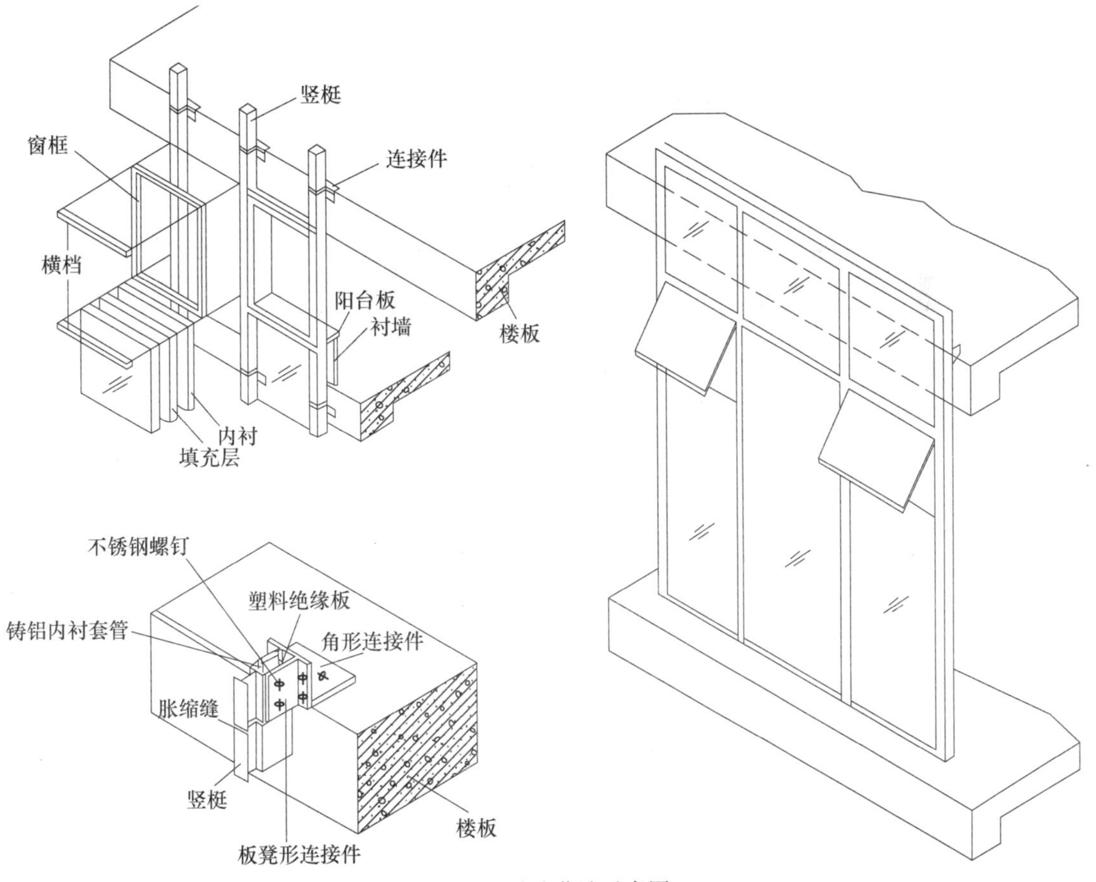

图 3-9 玻璃幕墙示意图

图 3-10　玻璃幕墙

2）石材幕墙：通常由石材面板和支承结构（横梁立柱、钢结构、连接件等）组成，不承担主体结构荷载与作用的建筑围护结构，如图 3-11、图 3-12 所示。

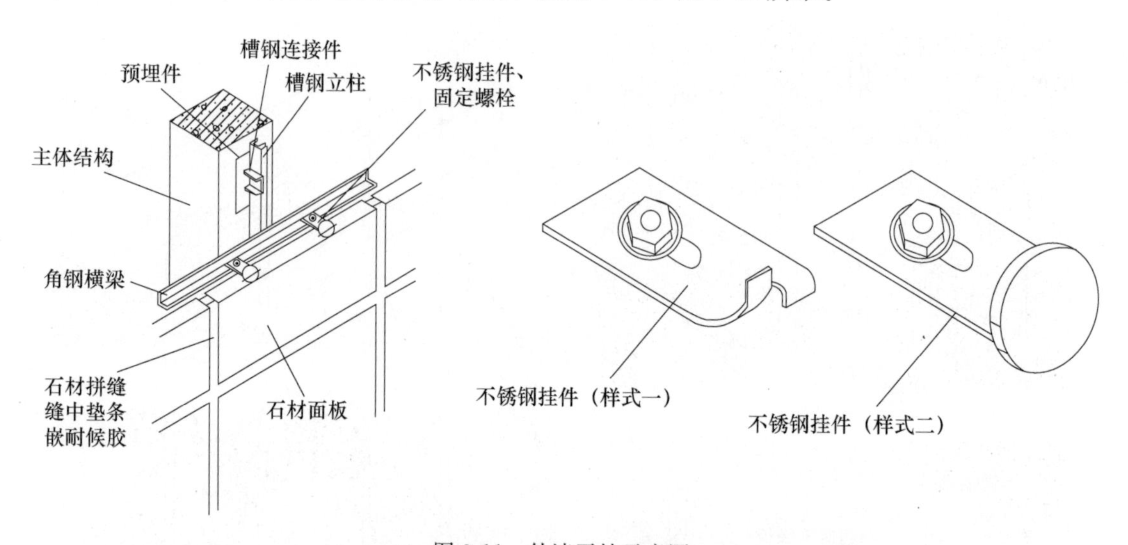

图 3-11　外墙干挂示意图

3）金属幕墙：是将玻璃幕墙中的玻璃更换为金属板材的一种新型的建筑幕墙形式，由于面材的不同，两者之间有很大的区别，所设计施工过程中应对其分别进行考虑。由于金属板材优良的加工性能、色彩的多样及良好的安全性，因此能完全适应各种复杂造型的设计，可以任意增加凹进和凸出的线条，而且可以加工各种型式的曲线线条，给建筑师以巨大的发挥空间，备受建筑师的青睐，如图 3-13 所示。

图 3-12　外墙干挂

图 3-12　外墙干挂（续）

图 3-13　金属幕墙

（5）轻钢龙骨石膏板隔墙等，如图 3-14 所示。

5. 按墙体的构造形式分类

（1）实体墙。

（2）空体墙。

（3）复合墙

图 3-14　轻钢龙骨石膏板隔墙

三、墙体的设计要求

（1）具有足够的强度和稳定性

1）强度与墙体材料、墙体宽度、构造方式有关。

2）稳定性与墙体的长度、高度、厚度有关。

3）提高稳定性和刚度的措施：

① 增加墙体的厚度。

② 墙体内外抹灰，提高砌体及砂浆的强度。

③ 加构造柱、圈梁。

（2）满足热工的要求

1）保温、隔热。

2）措施：增加墙厚。

3）选择导热系数小的材料（如苯板、岩棉等）做外墙保温。

（3）满足隔声的要求

1）措施：采用密实和多孔的墙体材料，墙体抹灰，采用吸声材料做墙面，如图 3-15 所示。

图 3-15　吸声板

（4）满足防火要求

当建筑面积较大时，设置防火分区，用防火墙或防火卷帘等把建筑分成若干个防火分区，防止火灾蔓延。烟感和喷淋也是为了防火需要而设置的，如图 3-16、图 3-17 所示。

图 3-16 防火卷帘

图 3-17 防火水幕

（5）减轻自重。

（6）适应工业化的要求。

知识链接

1. 玻璃幕墙的种类

（1）全玻璃幕墙：吊挂式、座地式。

（2）拉杆式：点接驳式、拉索式、桁加式。

（3）框架式：明框式、隐框式、横明竖隐式、横隐竖明式。

（4）单元式。

2. 玻璃幕墙的优缺点

（1）优点

玻璃幕墙是指作为建筑外墙装潢的镜面玻璃，它在浮法玻璃组成中添加微量的 Fe、Ni、Co、Se 等，并经钢化制成颜色透明的板状玻璃，可吸收红外线，减少进入室内的太阳辐射，降低室内温度。它既能像镜子一样反射光线，又能像玻璃一样透过光线。

玻璃幕墙是当代的一种新型墙体，它赋予建筑的最大特点是将建筑美学、建筑功能、建筑节能和建筑结构等因素有机地统一起来，建筑物从不同角度呈现出不同的色调，随阳光、月色、灯光的变化给人以动态的美。在世界各大洲的主要城市均建有宏伟华丽的玻璃幕墙建筑，如纽约世界贸易中心、芝加哥石油大厦、西尔斯大厦、香港中国银行大厦、北京长城饭店和上海联谊大厦等。

（2）缺点

1）光污染：玻璃幕墙的光污染，是指高层建筑的幕墙上采用了涂膜玻璃或镀膜玻璃，当直射日光和天空光照射到玻璃表面时，由于玻璃的镜面反射（即正反射）而产生的反射眩光。生活中，玻璃幕墙反射所产生的噪光，会导致人产生眩晕、暂时性失明，常常发生事故，如图 3-18 所示。

2）防火能力差：玻璃幕墙是不可燃烧的材料，但烈火可使它融化或软化，在烈火中只用很短的时间玻璃就会发生破碎，因此在建筑设计中要充分考虑建筑的防火要求。

3）能耗高：轻薄带来美观的同时也导致其保温和隔热性较差。

图 3-18　光污染

3. 非承重墙

非承重墙并非完全不承重，而是相对于承重墙而言的“非承重”。承重墙是不能在装修过程中拆除的。即使一栋楼中只有个别家庭拆改了承重墙，对结构的安全也同样会造成影响；如果所有住户都拆改承重墙，将大大缩短这栋建筑的使用寿命和建筑抵抗地震的能力。

第二节　砖墙的基本构造

重点

1. 砖墙的组砌原则是什么？
2. 墙体的施工要点有哪些？
3. 墙体的保温材料有哪些？

一、砖墙材料

砖墙的主要材料是砖和水泥砂浆。

（一）砖

1. 实心黏土砖（红砖）

实心黏土砖如图 3-19 所示。

（1）尺寸：240mm×115mm×53mm。

（2）重量：25N。

（3）特点：适用于手工砌筑，自重大，保温效率低，浪费土地，污染环境，价格便宜（国外贵）。

（4）强度等级：MU7.5、MU10、MU15、MU20、MU25、MU30 等。

图 3-19　实心黏土砖

2. 多孔黏土砖

多孔黏土砖如图 3-20 所示。

（1）尺寸：240mm × 115mm × 90mm 和 240mm×115mm×190mm 等。

（2）厚度：90、140、190、240mm 等。

（3）特点：节省土地资源、减轻自重、保温隔声性稍好。

图 3-20　多孔黏土砖

3. 粉煤灰砖

以粉煤灰、石灰为主要原料，掺加适量石膏、骨料，经胚料制备、压制成型、高压或常压蒸汽养护而形成的实心粉煤灰砖如图 3-21 所示。

特点：节约环保。

（二）砂浆

（1）分类如下：

1）水泥砂浆：由水泥、砂、水拌合形成的水硬性胶凝材料。

特点：强度高、和易性差、耐水性能好，最为常用。

图 3-21　粉煤灰砖

2）石灰砂浆：由石灰、砂、水拌合形成的气硬性胶凝材料。

特点：强度低、和易性好、耐水性能差。

3）混合砂浆：砂浆与水泥、石灰按一定比例配制的混合物。

特点：既具有一定的强度，又有良好的和易性，但应用范围较小。

（2）强度等级：M0.4、M1、M2.5、M5、M7.5、M10、M15。

二、砖墙的基本构造

（一）砖墙的厚度

砖墙的厚度视其在建筑物中的作用不同而不同，一般承重墙较厚（240、370、490mm），非承重作用的隔墙薄一点（120mm）。

（1）对墙体的影响：强度、稳定性、保温、隔热、隔声等。

（2）实心砖墙厚度，如表 3-1、图 3-22 所示。

表 3-1　砖墙厚度对应表

半砖墙	一砖墙	一砖半墙	二砖墙
115	240	370	490
12 墙	24 墙	37 墙	49 墙

（二）砖墙的组砌方式

砖墙的组砌方式是指砖在墙体中的排列方式。为了保证墙体具有足够的强度和稳定性，砖的组砌应遵循横平竖直、砂浆饱满、内外搭接、上下错缝的原则。

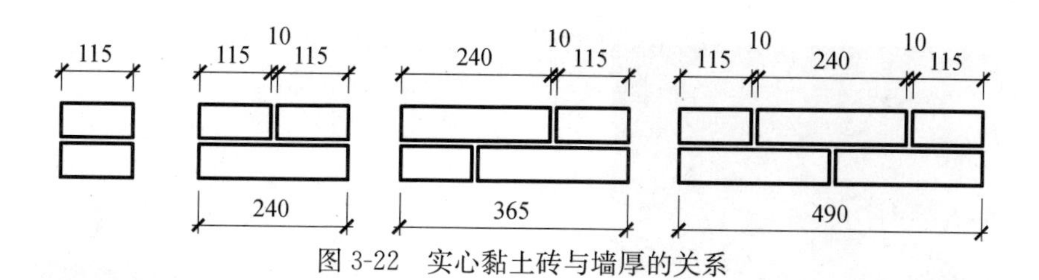

图 3-22　实心黏土砖与墙厚的关系

1. 实体砖墙

用黏土砖砌筑的实心砖墙称为实体墙，应用较广泛，如图 3-23～图 3-26 所示。砖长向与墙长方向垂直的称为丁砖，砖长向与墙长方向平行的称为顺砖。实体墙砌筑方式如下：

（1）全顺式，如图 3-27（a）所示。

（2）一顺一丁，如图 3-27（b）所示。

（3）梅花丁，如图 3-27（c）所示。

图 3-23　皮数杆和直槎

图 3-24　靠尺

图 3-25　砖墙

图 3-26　一顺一丁

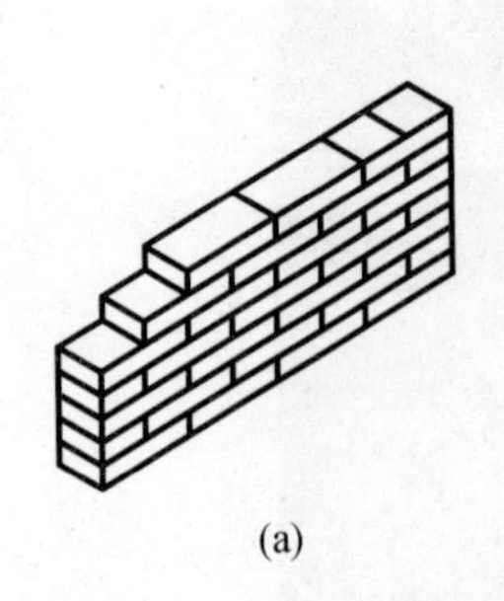
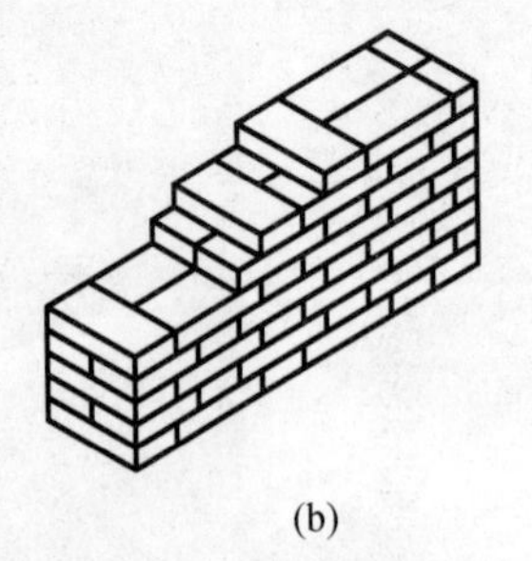
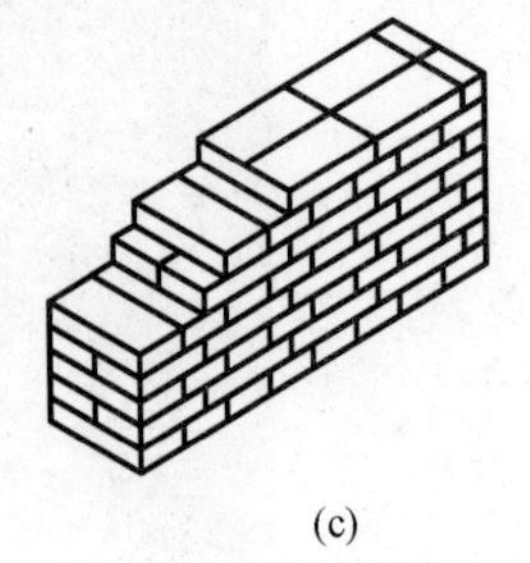

(a)　(b)　(c)

图 3-27　实心黏土砖墙组砌方式

(a) 全顺式；(b) 梅花式；(c) 一顺一丁

2. 空斗墙

用黏土砖立砌或立砌与平砌相结合砌筑形成内部空心的墙体称为空斗墙，平时很少见到。立砌称为斗砖，平砌称为眠砖，如图 3-28 所示。

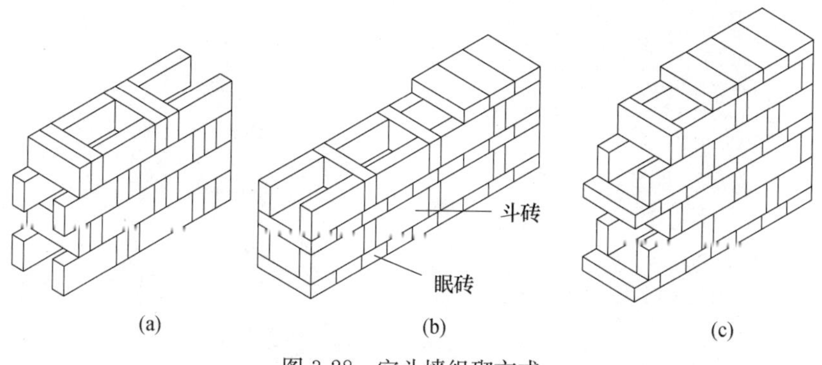

图 3-28　空斗墙组砌方式

（a）无眠空斗；（b）一眠一斗；（c）一眠二斗

3. 组合墙

（1）概念：砖和其他保温材料（苯板、岩棉）组合而形成的墙称为组合墙，最为常用，如图 3-29 所示。

（2）特点：保温、隔热性能好，导热系数小，北方寒冷地区保温厚一些，南方保温薄一些。节能低碳，环保。

（3）类型：外保温、中间保温。

铺贴苯板、打苯板钉、刮罩面胶

图 3-29　组合墙

罩面胶
铁程
TIE CHENG
净重：50±1kg
哈尔滨铁路混凝土外加剂厂
中国建材市场畅销产品
聚合物粘结砂浆
XPS保温板
EPS thermal insulation board
专用界面剂
Dedicated surfactant
耐碱玻纤网格布
聚合物抹面砂浆
天然真石漆
砍斧迹
汁浆
捉缝灰
扫荡灰
披麻
压麻灰
中灰
垫光油
两道银朱油
上光油

图 3-29　组合墙（续）

知识链接

1. 和易性

和易性是指新拌水泥混凝土易于各工序施工操作（搅拌、运输、浇灌、捣实等）并能获得质量均匀、成型密实的性能，其含义包含流动性、粘聚性及保水性。

2. 砂浆强度

砂浆强度等级一般有：M2.5、M5、M7.5、M10、M15；用于砌筑砌块的砂浆等级，将M换成Mb即可，其他完全一样。混凝土强度等级从C15开始到C80，每相差5为一个等级。

MU代表的是“砌块”中强度等级与混凝土强度等级所采用的表示方法是同一方法系统，即抗压MPa数。混凝土强度等级不只4个等级，从C10到C50，每5MPa为一个级差，共9个等级，但常用的为C10～C35，C40已经属于高强混凝土，强度要求再高，如没有其他特殊要求，就不如钢结构划算。烧结普通砖、烧结多孔砖等的强度等级为MU30、MU25、MU20、MU15和MU10，并以MU7.5最为常用，MU10多用在基础中，但现在红砖在工程中已经不再允许使用了。砌块是材料名称，如普通烧结砖、粉煤灰砖、空心砌块等，砌体是指结构，这两个名词不是同一概念。

混凝土的抗压强度是通过试验得出的，我国最新标准C60强度以下的采用边长为100mm的立方体试件作为混凝土抗压强度的标准尺寸试件。

按照GB/T 50081—2002《普通混凝土力学性能试验方法标准》，制作边长为150mm的立方体在标准养护（温度20℃±2℃、相对湿度在95%以上）条件下，养护至28天龄期，用标准试验方法测得的极限抗压强度，称为混凝土标准立方体抗压强度，以 f_{cu}表示。

按照GB 50010—2010《混凝土结构设计规范》规定，在立方体极限抗压强度总体分布中，具有95%强度保证率的立方体试件抗压强度，称为混凝土立方体抗压强度标准值（以MPa计），以fcuk表示。

依照标准实验方法测得的具有95%保证率的抗压强度作为混凝土强度等级。

按照GB 50010—2010《混凝土结构设计规范》规定，普通混凝土划分为十四个等级，即：C15、C20、C25、C30、C35、C40、C45、C50、C55、C60，C65，C70，C75，C80。例如，强度等级为C30的混凝土是指 $30MPa \leqslant f_{cu,k} < 35MPa$。

影响混凝土强度等级的因素主要有水泥等级和水灰比、集料、龄期、养护温度和湿度等。

3. 砖墙检测主控项目

（1）砖和砂浆的强度等级必须符合设计要求。

抽检数量：每一个生产厂家的砖到现场后，按烧结砖15万块、多孔砖5万块、灰砂砖及粉煤灰砖10万块各为一个验收批，抽检数量为1组。

检验方法：查砖和砂浆试块试验报告。

（2）砌体水平灰缝的砂浆饱满度不得小于80%。

抽检数量：每检验批抽查不应少于5处。

检验方法：用百格网检查砖底面与砂浆的粘结痕迹面积。每处检测3块砖，取其平均值。

(3) 砖砌体的转角处和交接处应同时砌筑，严禁无可靠措施的内外墙分砌施工。对不能同时砌筑而又必须留置的临时间断处应砌成斜槎，斜槎水平投影长度不应小于高度的2/3。

抽检数量：每检验批抽20%接槎，且不应少于5处。

检验方法：观察检查。

(4) 非抗震设防及抗震设防烈度为6度、7度地区的临时间断处，当不能留斜槎时，除转角处外，可留直槎，但直槎必须做成凸槎。留直槎处应加设拉结钢筋，拉结钢筋的数量为每120mm墙厚放置1Φ6拉结钢筋（120mm厚墙放置2Φ6拉结钢筋），间距沿墙高不应超过500mm；埋入长度从留槎处算起每边均不应小于500mm，对抗震设防烈度6度、7度的地区，不应小于1000mm；末端应有90°弯钩。

抽检数量：每检验批抽20%接槎，且不应少于5处。

检验方法：观察和尺量检查。

合格标准：留槎正确，拉结钢筋设置数量、直径正确，竖向间距偏差不超过100mm，留置长度基本符合规定。

(5) 砖砌体的位置及垂直度允许偏差如表3-2所示。

表3-2 砖砌体的位置及垂直度允许偏差

<table>
<tr><th>项次</th><th colspan="3">项目</th><th>允许偏差</th><th>检验方法</th></tr>
<tr><td>1</td><td colspan="3">轴线位置偏移法</td><td>10mm</td><td>用经纬仪和尺检查，或用其他测量仪器检查</td></tr>
<tr><td rowspan="3">2</td><td rowspan="3">垂直度</td><td colspan="2">每层</td><td>5mm</td><td>用2m托线板检查</td></tr>
<tr><td rowspan="2">全高</td><td>≤10m</td><td>10mm</td><td rowspan="2">用经纬仪和尺检查，或用其他测量仪器检查</td></tr>
<tr><td>>10m</td><td>20mm</td></tr>
</table>

4. 墙体承重方案

(1) 横墙承重方案。

(2) 纵墙承重方案。

(3) 纵横墙混合承重方案。

(4) 半框架承重方案。

(5) 墙与柱混合承重（内框架结构）。

第三节 砌块墙的构造

重点

砌块墙的施工要点是什么？

用砌块和砂浆砌筑成的墙体称为砌块墙，可作为工业与民用建筑的承重墙和围护墙。根据砌块尺寸的大小分为小型砌块、中型砌块和大型砌块墙体。按材料分为加气混凝土墙、硅酸盐砌块墙、水泥煤渣空心墙等。

挂立线、摞底、溜缝

(1) 特点：充分利用工业废料，节能环保，施工速度快。

(2) 小型砌块的类型（比较常用）：一饼、二饼、幺鸡、二条、四条、六条，如图3-30～图3-34所示。

图 3-30　一饼

图 3-31　二饼

图 3-32　二条

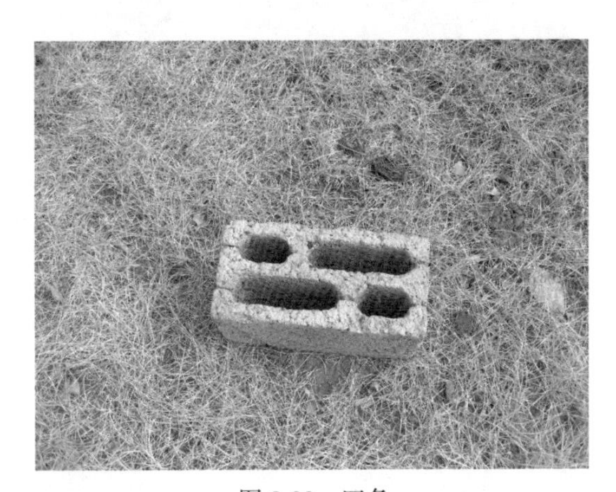

图 3-33　四条

图 3-34　六条

（3）陶粒混凝土空心砌块强度：MU2.5、MU3.5、MU5.0 和 MU7.5；容重：小于 1200kg/m³。

（4）施工工序：放线→摞地→挂立线或画立线→砌筑，如图 3-35～图 3-37 所示。

图 3-35　砌块墙砌筑

图 3-36　留槎

图 3-37　挂立线和撂地

（5）砌块墙的施工要点：平整度、垂直度、横纵墙拉接钢筋的布置、植筋的质量验收（图 3-38）、砂浆的饱满度。

图 3-38　植筋

知识链接

1. 陶粒混凝土空心砌块相比其他轻质墙材具有的优势

墙体更稳固，增强建筑的抗震性能，使用更安全；砌块密实度高，因此吸水率低、收缩率小，墙体不易出现裂缝；砌块密实度高，耐撞击，便于安装附件时切割钻孔；砌块密实度高且强度稳定，可在砌体内设置水平、竖向配筋，替代现浇构造壁柱和过梁，提高施工效率，降低综合造价；作为厂房内防火墙，防火性能好；保温、隔声、防潮性能好，并且可组合成复合墙，满足各种高标准要求；墙体内可走暗管线（水暖、电气、电信等）。

2. 砌块墙的施工工艺及特点

在工程设计中，不仅要求砌块尺寸灵活，适应性好，还要求砌块制作方便，施工时吊装快。这就要求砌块的类型和规格应较少，而在建筑的立面上和平面上可排列出不同的组合，使墙体符合使用要求。如在住宅房屋中，当采用混凝土空心中型砌块墙体时，将房屋的每层墙体分三皮为宜。

对于承重的砌块墙体，需根据荷载大小选定砌块和砂浆的标号。由于单个砌块的高度大于或远大于单块砖的厚度，因而砌块砌体内砌块的抗压强度能够得到较充分的发挥。砌块砌体内灰缝的数量较少，砂浆的强度对砌体抗压强度的影响也较小。承重的砌块墙体除须保证抗压强度和高厚比要求外，还应满足热工及构造要求。为了保证砌块墙体的受力性能和加强其整体性，应使墙体的灰缝横平竖直、砂浆饱满、密实，上下层砌块相互错缝搭砌。墙体的转角和纵、横墙交接处要彼此搭砌；如搭砌有困难，则设置一定数量的钢筋网或拉结条予以拉结。必要时在房屋的转角和内、外墙交接处也可采用多孔砌块，以便设置构造柱，这样既加强了房屋的整体刚度，也有利于抗震。构造柱应与圈梁或房屋的其他水平构件连接。

小型砌块尺寸较小，重量较轻，型号多种，使用较灵活，适应面广；但小型砌块墙体多为手工砌筑，施工劳动量较大。中型、大型砌块的尺寸较大，重量较重，适于机械起吊和安装，可提高劳动生产率，但型号不多，不如小型砌块灵活。

门与墙连接处要打膨胀螺栓的地方应用预制砖或小砌块砌筑。

第四节　墙体的细部构造

重点

1. 过梁的种类有哪些？
2. 圈梁和构造柱的作用及构造原理各是什么？

一、散水

（1）概念：沿建筑物外墙四周做成3%～5%的排水护坡，宽度≥600mm，并应比屋檐挑出宽度大200mm，混凝土散水每隔6～12m设分隔缝防止胀裂，与外墙之间留置2～3cm的沉降缝，用沥青油膏填充，如图3-39、图3-40所示。

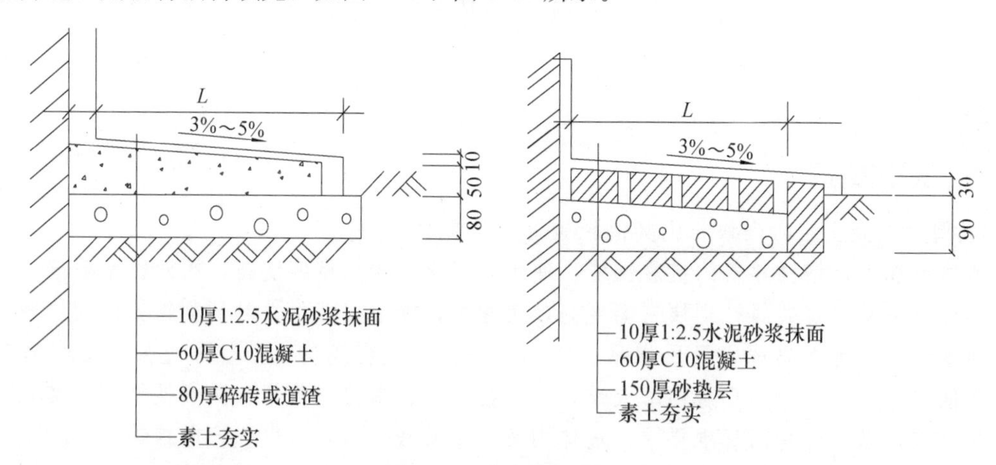

图3-39　散水构造做法

图3-40　散水

图 3-40　散水（续）

（2）作用：防止室外地面水、墙面水及屋檐水对墙基的侵蚀。
（3）构造做法分类：砖铺散水、块石散水、混凝土散水（最为常用）。

二、勒脚

（1）概念
勒脚指外墙墙身与室外地面接近的部位，如图 3-41 所示。

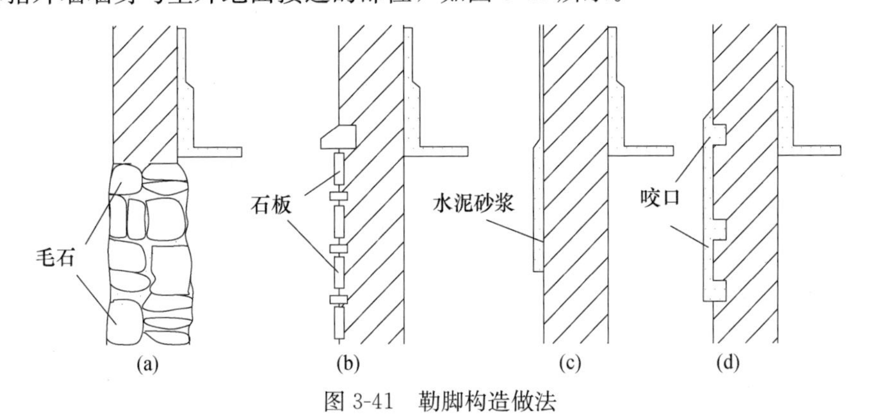

图 3-41　勒脚构造做法

（a）毛石勒脚；（b）石板贴面勒脚；（c）抹灰勒脚；（d）带咬口抹灰勒脚

（2）作用
1）加固墙身，防止因外界机械碰撞而使墙身受损。

2）保护近地墙身，避免受雨雪的直接侵蚀、受冻以致破坏。

3）装饰立面。

（3）构造做法

1）抹灰类（很少用）：在勒脚部位抹 1：2 或 1：2.5 水泥砂浆或水刷石等。水刷石耐久性和装饰性都非常不错，但因其工艺复杂，现在也比较少见。

2）贴面类（常用）：在勒脚部位贴防水性能好的瓷砖、大理石、水磨石等，如图 3-42 所示。

3）石砌类（很少用）：如图 3-43 所示。

图 3-42　贴面勒脚

图 3-43　砌勒脚

三、墙身防潮层

1. 作用

（1）防止地下土壤中的潮气沿墙体上升和地表水对墙体的侵蚀。

（2）提高墙体的坚固性与耐久性，保证室内干燥卫生。

2. 构造做法

（1）水平防潮层

沿建筑物内外墙连续交圈设置，位于室内地坪下 60mm 处，如图 3-44、图 3-45 所示。

1）油毡防潮：在防潮层部位抹 20mm 厚 1：3 水泥砂浆找平层，然后在找平层上刷一道冷底子油，再铺一层 SBS 卷材，卷材宽比墙厚宽 20mm，搭接长度不小于 100mm。这种做法破坏了墙身的整体性，不应在地震区采用。

2）防水砂浆防潮：它适用于抗震地区、独立砖柱和震动较大的砖砌体中，其整体性较好，抗震能力强，但砂浆是脆性易开裂材料，在地基发生不均匀沉降而导致墙体开裂或因砂浆铺贴不饱满时会影响防潮效果。

3）细石混凝土防潮层：它适用于整体刚度要求较高的建筑中，但应把防水要求和结构做法合并考虑较好。

4）用钢筋混凝土基础圈梁代替防潮层，如图 3-46 所示。

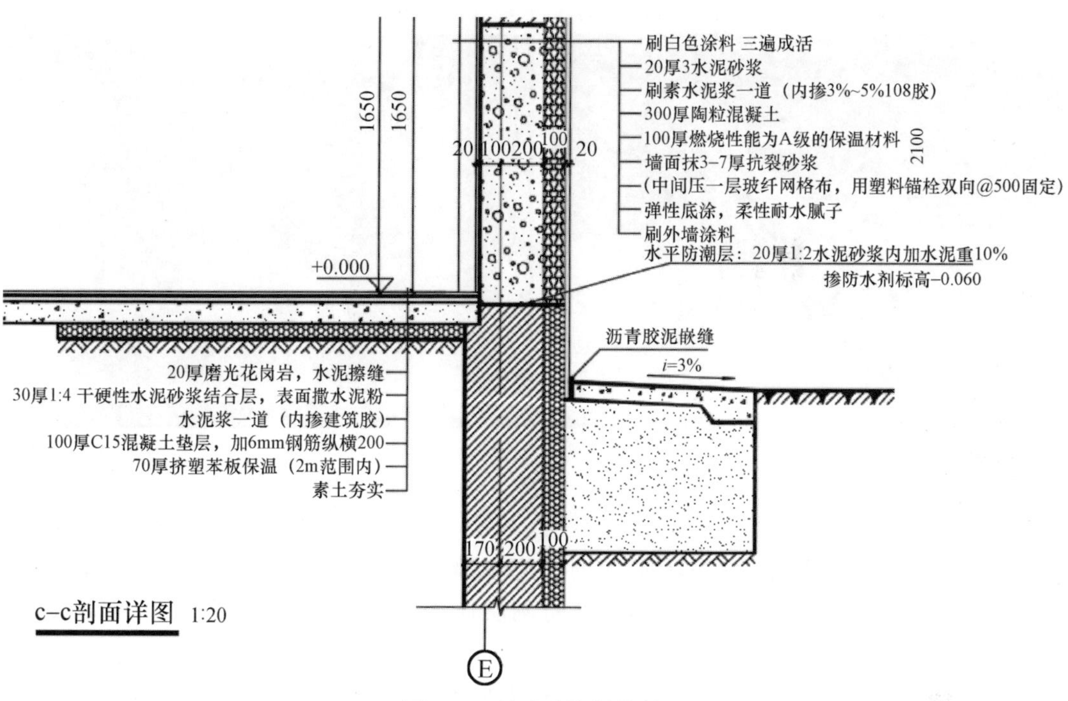

图 3-44 墙身防潮层位置

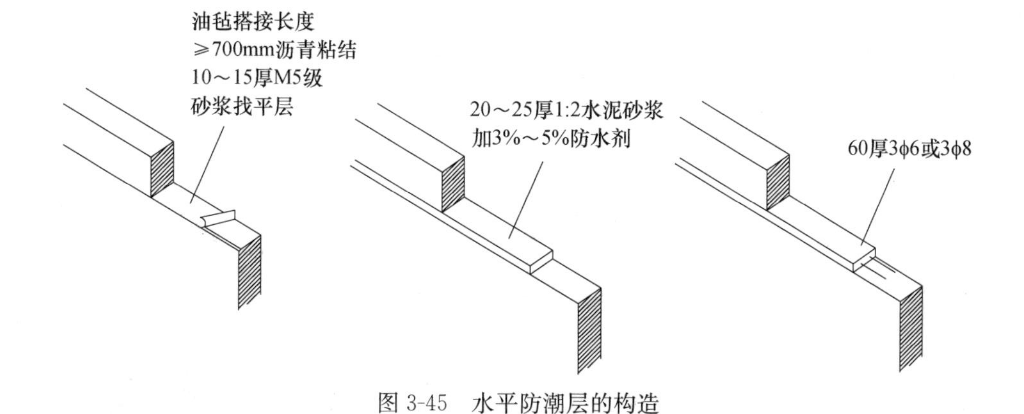

图 3-45 水平防潮层的构造

图 3-46 圈梁

图 3-46　圈梁（续）

（2）垂直防潮层

当两相邻房间之间室内地面有高差时，应在墙身内设置高低两道水平防潮层，并在靠土壤一侧设置垂直防潮层，将两道水平防潮层连接起来，以避免回填土中的潮气侵入墙身。

垂直防潮层的做法：在需设垂直防潮层的墙面（靠回填土一侧）先用 1∶2 的水泥砂浆抹面 15～20mm 厚，再刷冷底子油一道，刷热沥青两道；也可以直接采用掺有 3%～5%防水剂的砂浆抹面 15～20mm 厚的做法。地面以上的外墙大多不设垂直防潮层。

四、窗台

窗台是窗洞口下面的构造。

1. 作用

排除窗外侧的雨水和内侧的冷凝水，并起一定的装饰作用。

2. 构造做法

（1）外窗台：一般低于内窗台面，5%的外倾坡度，以利于排水，如图 3-47、图 3-48（a）、（b）所示。

1）悬挑窗台：常用平砌或侧砌挑出 60cm 左右，窗台坡度由斜砌砖或 1∶2.5 水泥砂浆抹出，并在阳台下檐做滴水槽或滴水线构造，防止雨水落墙，污染墙面，如图 3-48（a）、（b）所示。

2）不悬挑窗台：如果外墙饰面为瓷砖或易冲洗涂料等材料，也可不做悬挑窗台，窗下墙的灰尘可借雨水冲洗干净，如图 3-48（c）所示。

（2）内窗台：2%～3%的坡度（滴水法检测坡度），排水量小于外窗台，如图 3-48（c）、图 3-49 所示。

图 3-47　外窗台

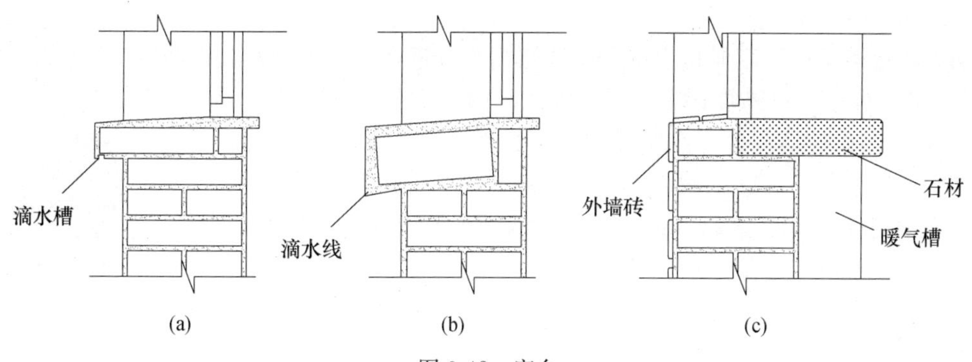

图 3-48　窗台
(a)(b) 悬挑窗台；(c) 不悬挑窗台

3. 窗台板的种类

(1) 天然石材。

(2) 人造石材：钙粉板、铝粉板、亚克力板、石英石、不锈钢、钢化玻璃。

4. 施工要点

(1) 窗扇下檐距台面距离要适当，否则无法开启窗扇。

(2) 窗台要设置一定的坡度。

图 3-49　内窗台

五、过梁

过梁是门窗洞口上部的横梁。

1. 作用

承受洞口上部墙体传下来的荷载，并把荷载传递给洞口两边的间墙。

2. 构造做法分类

(1) 砖拱过梁

砖拱过梁分为平拱和弧拱两种，如图 3-50 所示。

图 3-50　砖拱过梁

（2）钢筋砖过梁

钢筋砖过梁是在门窗洞口上部的砂浆层内配置钢筋的平砌过梁。钢筋砖过梁一般不少于5皮砖，且不少于洞口跨度的1/5。过梁范围内砖的强度不得低于MU7.5，砂浆不得低于M2.5，砌法与砌砖墙一样，在第一皮砖下设置不小于30mm厚的砂浆层，并在其中放置钢筋，钢筋的数量为每120mm墙厚不少于1根直径为6mm的钢筋。钢筋伸入窗间墙250mm，并在端部做垂直弯钩，如图3-51所示。

（3）钢筋混凝土过梁（最为常用）

当门窗洞口较大时，应采用钢筋混凝土过梁。钢筋混凝土过梁有预制式（图3-52、图3-53）和现浇式（图3-54）两种。

预制钢筋混凝土过梁的制作

图3-51　钢筋砖过梁

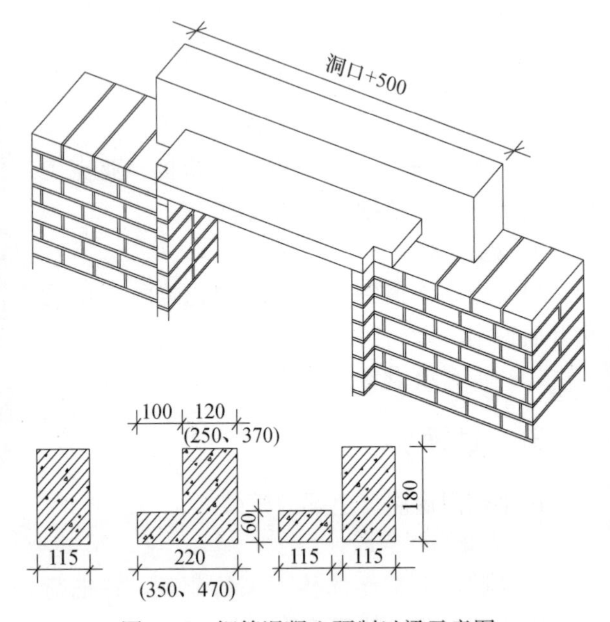

图3-52　钢筋混凝土预制过梁示意图

图3-53　钢筋混凝土预制过梁

图 3-54　钢筋混凝土现浇过梁

1）分类

① 现浇钢筋混凝土过梁：洞口较大的门洞口。

② 预制钢筋混凝土过梁：量大、洞口小的洞口。

2）构造要点

① 厚度为砖厚的整数倍，宽度等于墙厚。

② 两端伸入墙内大于或等于 240mm。

3）截面形状

① 矩形。

② L 形。

六、圈梁和构造柱

（一）圈梁

圈梁是沿建筑物外墙和部分内墙设置的连续封闭的梁（箍的作用）。在房屋的基础上部连续浇筑的钢筋混凝土梁也称为地圈梁（DQL）。圈梁通常设置在基础墙、檐口和楼板处，其数量和位置与建筑物的高度、层数、地基状况和地震强度有关。

1. 作用

（1）提高建筑的刚度和整体性，提高抗震。

（2）防止和减少墙体在不均匀沉降的情况下产生裂缝。

2. 构造要求

（1）当只设一道圈梁时，应通过屋盖处。

图 3-55 钢筋混凝土现浇圈梁

（2）单层层高较高的墙体中，也要设置圈梁。

（3）钢筋砖圈梁就是将前述的钢筋砖过梁沿外墙和部分内墙一周连通砌筑而成。

（4）钢筋混凝土圈梁的高度不小于 120mm，宽度与墙厚相同且≥180mm。当圈梁被门窗洞口截断时，应在洞口上部增设相同截面的附加圈梁。附加圈梁与圈梁的搭接长度不应小于其中垂直间距的 2 倍，且不得小于 1m，如图 3-56 所示。

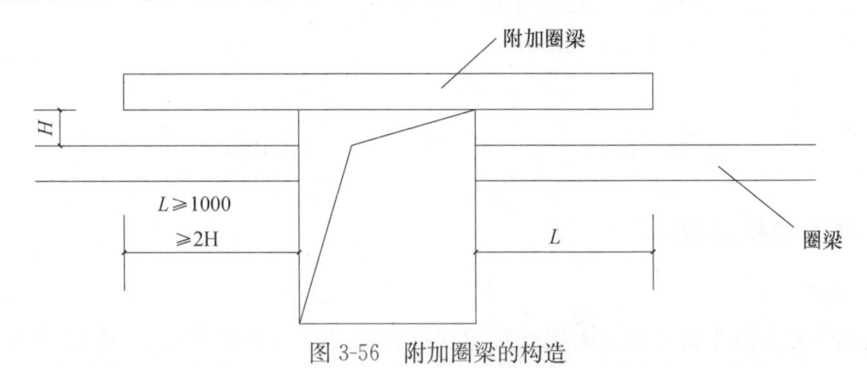

图 3-56 附加圈梁的构造

（5）圈梁在纵横墙交接处应有可靠的连接，在房屋转角及丁字交叉处的常用连接构造如图 3-57 所示。刚弹性和弹性方案房屋，圈梁应保证与屋架、大梁等构件的可靠连接。

（6）钢筋混凝土圈梁的宽度宜与墙厚相同。当墙厚 $h \geqslant 240$mm 时，其宽度不宜小于 $2h/3$。圈梁高度不应小于 120mm。纵向钢筋不宜少于 4 Φ 10，绑扎接头的搭接长度按受拉钢筋考虑。箍筋间距不宜大于 300mm。现浇混凝土强度等级不应低于 C20。

（7）圈梁兼作过梁时，过梁部分的钢筋应按计算用量另行增配。

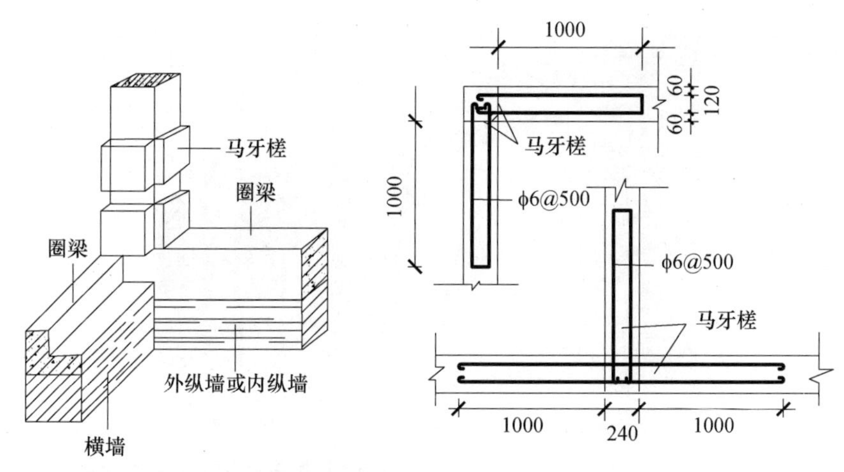

图 3-57　圈梁钢筋示意图

（8）采用现浇楼（屋）盖的多层砌体结构房屋，当层数超过 5 层，在按相关标准隔层设置现浇钢筋混凝土圈梁时，应将梁板和圈梁一起现浇。未设置圈梁的楼面板嵌入墙内的长度不应小于 120mm，其厚度宜根据所采用的块体模数而确定，并沿墙长配置不少于 2 根直径为 10mm 的纵向钢筋。

（二）构造柱

构造柱是从构造角度考虑的，在砌体房屋墙体的规定部位，按构造配筋，并按先砌墙后浇灌混凝土柱的施工顺序制成的混凝土柱，通常称为混凝土构造柱，简称构造柱，如图 3-58、图 3-59 所示。

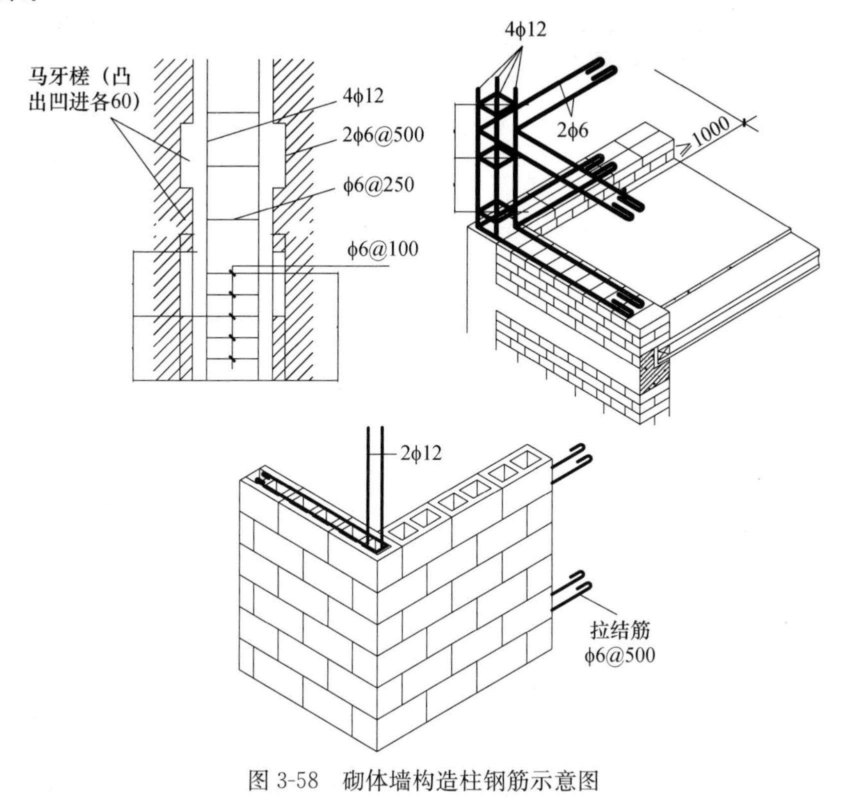

图 3-58　砌体墙构造柱钢筋示意图

图 3-59 构造柱

1. 作用

与圈梁一起构成空间骨架，加强建筑物的整体刚度，提高墙体的抗变形能力。

2. 构造要求

(1) 一般设置在建筑物的阴角、外墙与内墙交接处、楼梯间、电梯间及较长墙体中部、较大洞口的两侧。

(2) 抗震设计时多层普通砖、多孔砖房屋的构造柱应符合下列要求：

1) 构造柱最小截面可采用 240mm×180mm，纵向钢筋宜采用 4Φ12，箍筋间距不宜大于 250mm，且在柱上下端宜适当加密；7 度时超过六层、8 度时超过五层和 9 度时，构造柱纵向钢筋宜采用 4Φ14，箍筋间距不应大于 200mm；房屋四角的构造柱可适当加大截面及配筋。

2) 构造柱与墙连接处应砌成马牙槎，并应沿墙高每隔 500mm 设 2Φ6 拉结钢筋，每边伸入墙内不宜小于 1m。

3) 构造柱与圈梁连接处，构造柱的纵筋应穿过圈梁，保证构造柱纵筋上下贯通。

4) 构造柱可不单独设置基础，但应伸入室外地面下 500mm，或与埋深小于 500mm 的基础圈梁相连。

(3) 120 (或 100) 厚墙：当墙高＞3m，开洞宽度＞2.4m 时，应加构造柱或钢筋混凝土水平连系梁。

（4）180（或 190）厚墙：当墙高＞4m，开洞宽度＞3.5m 时，应加构造柱或钢筋混凝土水平连系梁。

（5）墙体转角处无框架柱时，不同厚度墙体交接处应设置构造柱。

（6）当墙长大于 8m（或墙长超过层高 2 倍）时，应该在墙长中部（遇有洞口，在洞口边）设置构造柱。

（7）较大洞口两侧、无约束墙端部应设置构造柱，构造柱与墙体拉结筋为 2φ6@500，沿墙体全高布置。

七、墙体变形缝

变形缝的构造是要保证建筑各独立部分在外界因素（温度变化、地基不均匀沉降、地震）的影响下能自由变形，并不影响建筑物的整体性而设置的构造，如图 3-60 所示。变形缝在外墙和屋顶应做到不透风、不渗水，并应采用保温隔热、有弹性的材料进行填充，如苯板等。

图 3-60　变形缝

变形缝按其使用性质分为三种：伸缩缝、沉降缝、防震缝。

（一）伸缩缝

伸缩缝是指为防止建筑物构件由于气候温度变化（热胀、冷缩），使结构产生裂缝或破坏而沿建筑物或者构筑物施工缝方向的适当部位设置的一条构造缝。伸缩缝是将基础以上的建筑构件如墙体、楼板、屋顶（木屋顶除外）等分成两个独立部分，使建筑物或构筑物沿长方向可做水平伸缩。

（二）沉降缝

当房屋相邻部分的高度、荷载和结构形式差别很大而地基又较弱时，房屋有可能产生不均匀沉降，致使某些薄弱部位开裂。为此，应在适当位置，如复杂的平面或体形转折处、高度变化处、荷载、地基的压缩性和地基处理的方法明显不同处，设置沉降缝，如图 3-61 所示。

图 3-61　变形缝

沉降缝将建筑物划分若干个可以自由沉降的独立单元。沉降缝同伸缩缝的显著区别在于，沉降缝是从建筑物基础到屋顶全部贯通。沉降缝宽度与地基性质和建筑高度有关。沉降缝的构造与伸缩缝基本相同，但盖缝时必须保证相邻两个独立单元能自由沉降。

（三）抗震缝

防震缝是指地震区设计房屋时，为减轻或防止相邻结构单元由地震作用引起的碰撞而预先设置的间隙。在地震设防地区的建筑必须充分考虑地震对建筑造成的影响，应用防震缝将房屋分成若干形体简单、结构刚度均匀的独立部分。如防雷缝预留宽度过小，则易造成结构破坏，如图 3-62 所示。

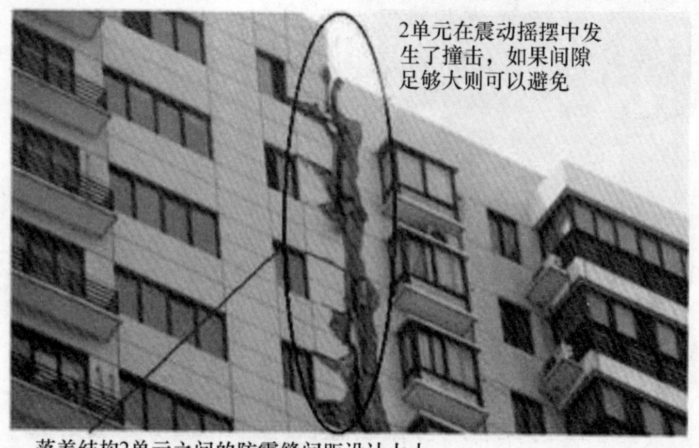

图 3-62　防震缝过小

八、烟道、通风道

烟道、通风道是指设置在厨房或卫生间，用于排除厨房炊事活动产生的烟气或卫生间浊气的管道制品，也称排风道、通风道、住宅排气道。住宅烟道是住宅厨房、卫生间共用排气管道系统的主要组成部分，如图 3-63～图 3-65 所示。

图 3-63　烟道

图 3-64　烟道检验

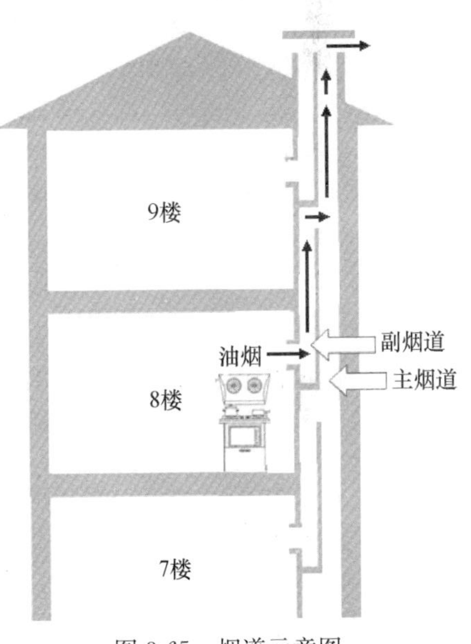

图 3-65　烟道示意图

（1）作用：排烟、排气。

（2）构造要点：

1）一定要设置在内墙，因为设置在外墙容易产生冷凝水。

2）子母式烟道，防止串味。在排油烟机安装逆止阀，也可有效预防返烟情况。

3）装修前要测试下烟道是否通畅。

4）如果烟道没做水泥砂浆抹灰，业主必须挂铁丝网后再进行水泥砂浆的抹灰。

5）阴角和阳角处要检验是否规方，阳角贴瓷砖要采用阳角压条，尽量不要磨砖倒角，在使用过程中容易绷瓷。

知识链接

（1）马牙槎：与构造柱连接处的墙应砌成马牙槎，每一个马牙槎沿高度方向的尺寸不应超过300mm或5皮砖高，马牙槎从每层柱脚开始，应先退后进，进退相差1/4砖。

（2）以唐山地震为例：唐山地震后，有3幢带有钢筋混凝土构造柱且与圈梁组成封闭边框的多层砌体房屋的墙体裂而未倒。其中市第一招待所招待楼的客房，房屋墙体均有斜向或交叉裂缝，滑移错位明显，四、五层纵墙大多倒塌，而设有构造柱的楼梯间，横墙虽也每层均有斜裂缝，但滑移错位较一般横墙小得多，纵墙未倒，仅三层有裂缝，靠内廊的两根构造柱都遇破坏，以三层柱头最严重，靠外纵墙的构造柱破坏较轻。由此可见，钢筋混凝土构造柱在多层砌体房屋的抗震中起到了不可低估的作用。

多层砌体房屋应按抗开裂和抗倒塌的双重准则进行设防，而设置钢筋混凝土构造柱则是其中一项重要的抗震构造措施。

黑龙江省的许多地区基本裂度为6～7度，位于这些地区的多层砖混建筑均需设防，抗震构造柱的设置是必不可少的。构造柱应当设置在震害较重、连接构造比较薄弱和易于应力集中的部位。其设置根据房屋所在地区的烈度、房屋的用途、结构部位和承担地震作用的大小来设置。由于钢筋混凝土构造柱的作用主要在于对墙体的约束，构造断面不必大，但须同各层纵横墙的圈梁连接，无圈梁的楼层亦须设置配筋砖带，才能发挥约束作用，关于抗震柱的设置，GB 50011—2010《建筑抗震设计规范》中做了详细的规定。

（3）在砖混结构中，沉降缝两侧建筑的基础通常采用两种方案：

1）采用挑梁基础，即在沉降缝一侧墙的基础按正常设置，另一侧的纵墙由悬挑的挑梁承担，梁端另设基础梁和轻质隔墙，如图3-66所示。

2）采用双墙方案，即在沉降缝两侧都设承重墙，以保证每个独立单元都有纵横墙封闭联结，结构整体性好。在两承重墙间距较小时，为克服基础的偏心受力，可采用在平面布置上为两排交错设置的独立基础，上放承墙的基础梁。沉降缝同时起着伸缩缝的作用，在同一个建筑物内，两者可合并设置，但伸缩缝不能代替沉降缝。在钢筋混凝土框架结构中的沉降缝通常采用双柱悬挑梁或简支梁做法，如图3-67所示。

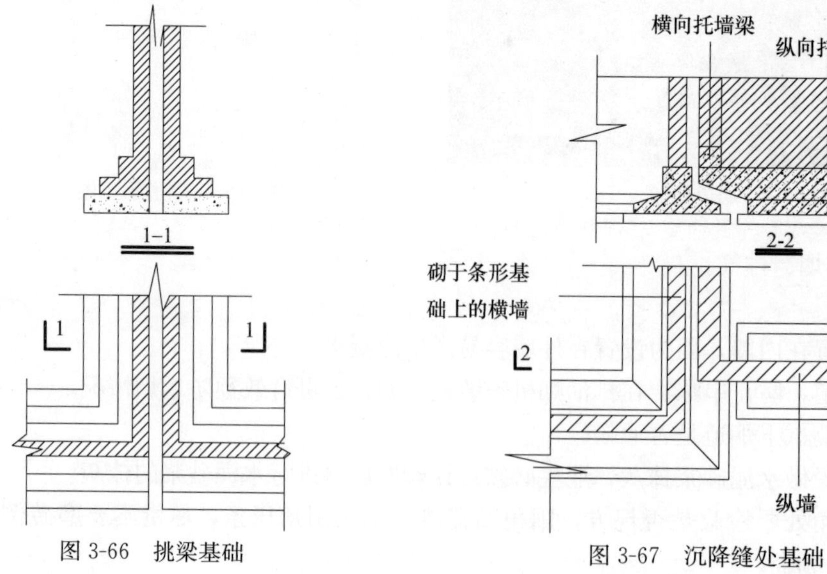

图3-66 挑梁基础

图3-67 沉降缝处基础

沉降缝与伸缩缝不同之处是除屋顶、楼板、墙身都要断开外，基础部分也要断开，使相邻部分也可以自由沉降、互不牵制。沉降缝宽度要根据房屋的层数定，五层以上时不应小于120mm。

沉降缝不但应贯通上部结构，而且也应贯通基础本身。沉降缝应考虑缝两侧结构非均匀沉降倾斜和地面高差的影响。抗震缝、伸缩缝在地面以下可不设缝，连接处应加强。但沉降缝两侧墙体基础一定要分开。

（4）沉降缝设置原则：

1）建筑物平面的转折部位设沉降缝。

2）建筑的高度和荷载差异较大处的交界处设沉降缝。

3）过长建筑物的适当部位设沉降缝。

4）地基土的压缩性有显著差异的交界处设沉降缝。

5）建筑物基础类型不同以及分期建造房屋的交界处，基础持力层类别基本相同，且为素混凝土基础，可以不断开。因为混凝土的抗剪能力薄弱，即使发生不均匀沉降，对变形缝两侧的建筑也并无多大影响。

（5）防震缝设置原则：

1）《建筑抗震设计规范》6.1.4条规定：高层钢筋混凝土房屋宜避免采用本规范第3.4节规定的不规则建筑结构方案，不设防震缝；当需要设置防震缝时，防震缝最小宽度应符合下列要求：

① 框架结构房屋的防震缝宽度，当高度不超过15m时不应小于100mm；超过15m时，6度、7度、8度、9度相应每增加高度5m、4m、3m和2m，宜加宽20mm。

② 框架一剪力墙结构房屋的防震缝宽度不应小于本款1）项规定数值的70%，剪力墙结构房屋的防震缝宽度不应小于本款1）项规定数值的50%，且均不宜小于100mm。

③ 防震缝两侧结构类型不同时，宜按需要较宽防震缝的结构类型和较低房屋高度确定缝宽。

2）砌体建筑，应优先采用横墙承重或是纵横墙混合承重的结构体系。在设防烈度为八度和九度地区，有下列情况之一时，建筑宜设防震缝：

① 建筑立面高差在6m以上。

② 建筑有错层且错层楼板高差较大。

③ 建筑各相邻部分结构刚度、质量截然不同。

此时防震缝宽度可采用50～100mm。缝两侧均需设置墙体，以加强防震缝两侧房屋刚度。

防震缝要沿着建筑全高设置，缝两侧应布置双墙或者双柱，或一墙一柱，使各部分结构都有较好的刚度。

防震缝应与伸缩缝、沉降缝统一布置，并满足防震缝的要求。一般情况下，设防震缝时，基础可以不分开。

（5）以前烟道大多是以硫铝酸盐水泥内夹耐碱玻璃纤维网布或普通硅酸盐水泥内夹钢丝网及其他增强材料预制而成。

自从GB 50368—2005《住宅建筑规范》、GB 50016—2014《建筑设计防火规范》等强制性条文规定住宅建筑中排烟道耐火极限应不低于1.00h后，由于水泥预制烟道很难达到耐火极限不低于1.0h的要求，为了防止住宅排烟道内油垢积累日久成为火灾隐患，排烟道大多采用高强玻镁耐火烟道板材以机械化组合拼装生产而成的高强耐火排烟道，并在烟道内部设置变压拔气构件，而且必须按照GB/T 17428—2009《通风管道耐火试验方法》进行型式检验，耐火极限需要达1.0h以上；高强耐火排烟道具有自重轻、强度高、不变形、耐火性能好、抗柔性冲击性能强、便于安装、隔声性能好、不易破坏等特点。广泛应用于住宅建筑和公用建筑厨房排烟和卫生间排气。

第五节　隔墙与隔断的构造

一、隔墙与隔断的关系

1. 共同点

分隔建筑空间，并起到一定的装饰作用的非承重墙。

2. 区别

(1) 隔墙较固定，而隔断的拆装灵活性较强。

(2) 隔墙一般到顶，隔断不到顶。

二、隔墙的构造

1. 块材隔墙

(1) 材料：普通砖、空心砖、砌块等。

(2) 特点：取材方便，造价低，隔声效果好，坚固耐久。但自重大，墙体较厚，湿作业多。

(3) 构造要点：1/2砖隔墙采用全顺式砌筑，砂浆强度等级不低于M5。隔墙两端的承重墙须预留马牙槎，并沿墙高每隔500mm埋入2Φ6拉结钢筋，伸入隔墙不小于500mm，如图3-68所示。

图3-68　加气块隔墙

2. 轻钢龙骨石膏板隔墙

轻钢龙骨石膏板隔墙的施工

用轻钢龙骨做骨架，纸面石膏板做面板，可以在面板上做涂料或贴壁纸的隔墙办公楼、小旅馆较为常用。

龙骨一般由沿顶龙骨、沿地龙骨、竖向龙骨、横撑龙骨（穿心龙骨）等配件组成，然后用自攻钉（木螺钉）连接，然后再用嵌缝带贴好板缝，再批腻子等饰面处理，如图 3-69 所示。

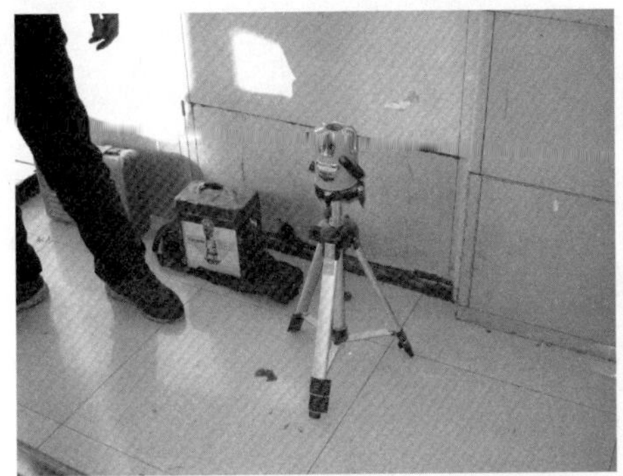

图 3-69　轻钢龙骨石膏板隔墙

（1）组成：骨架、隔音棉、石膏板面板。

（2）特点：布置灵活，施工速度快，墙薄不占面积，但隔声性、整体性、防水性、防火性等比砌筑隔墙差。自重轻，没有湿作业，拆除方便。

3. 板材隔墙（高层住宅隔墙）

板材隔墙是采用工厂生产的轻质板材，如加气混凝土板、水泥压力板等直接安装，不依赖骨架的隔墙。条板厚度一般为 60～100mm，宽度为 600～1000mm，长度略小于净高。安装时，条板下用木楔顶紧或固定螺栓固定后，用细石混凝土堵严，板缝用粘接剂填实，并用胶泥刮平，然后再表面装修，如图 3-70 所示。

图 3-70　板材隔墙

（1）材料：轻质板材（加气混凝土条板等）。

（2）特点：轻质、薄体、高强度、隔声隔热、防水防潮、抗震保温、耐冻、耐老化、耐冲击、可钉可锯、可开槽、无污染、施工便捷，并能减少墙面装饰面积，减少主体结构荷载，增大实用空间，很大程度上节约工程成本。

4. 玻璃隔墙

由玻璃作为分隔材料的隔墙，在合理分隔空间的同时也具有较好通透性，如图 3-71 所示。

图 3-71　玻璃隔墙

三、隔断的构造

隔断是指专门作为分隔室内空间的立面，应用更加灵活，如隔墙、隔断、活动展板、活动屏风、移动隔断、移动屏风、移动隔音墙等，源于日本技术。活动隔断具有易安装、可重复利用、可工业化生产、防火、环保等特点，如图 3-72 所示。

图 3-72　隔断

图 3-72 隔断（续）

传统意义上，隔断是指专门分隔室内空间的不到顶的半截立面，而在如今的装修过程中，许多有形隔断却由家具等充当。目前，移门型材、高隔间型材、内门型材、吊轨折叠门型材、密封门型材、淋浴房型材，以及多种家具和橱柜型材、五金配件等在市场上有较广泛的使用。

第六节 墙面的装修构造

重点

1. 墙面装修的作用是什么？
2. 各种墙面装修的构造要点是什么？

一、墙面装修的作用

（1）保护墙体。外墙面装修层能防止墙体直接受到风吹、曝晒、雨淋、冰冻等的影响；内墙面装修层能防止人们使用建筑物时水、机械碰撞对墙面的直接危害，进而延长使用年限，如卫生间墙面多采用磁砖，因为湿作业多。

（2）改善墙的物理性能，保证室内使用条件。

1）装修层增加了墙厚，提高了保温能力。

2）内墙涂料不但使墙面变得平整光洁，还提高了房间的照度，若采用吸声材料，还可以提高音质。

（3）美化建筑环境，提高艺术效果。墙面装修是建筑空间艺术处理的重要手段。墙面的颜色、质感不但美化了环境，还能表现人对建筑的艺术要求。

二、墙面装修的构造

（一）勾缝

勾缝是指用砂浆将相邻两块砌块或墙砖之间的缝隙填塞饱满，其作用是有效地让上下左右砌筑块体材料之间的连接更为牢固，防止风雨侵入墙体内部，并使墙面清洁、整齐美观。常用 1∶1 或 1∶1.5 的水泥砂浆勾缝，如图 3-73、图 3-74 所示。

构造要求：勾缝一定要压实；为了表面光感，应加一些干灰（水泥）。

图 3-73　外墙砖勾缝

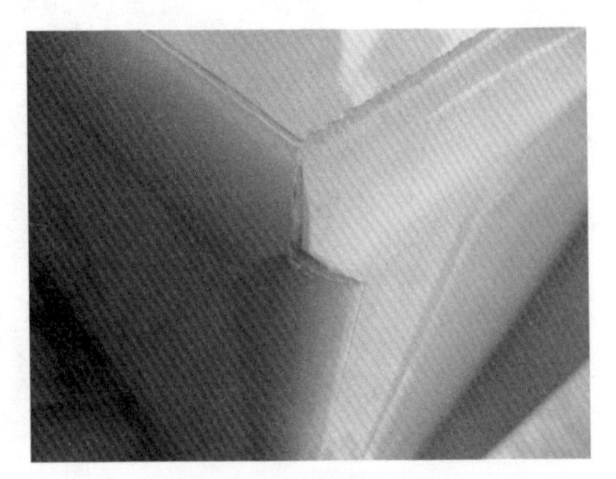

图 3-74　内墙砖勾缝

（二）抹灰类

抹灰指采用石灰砂浆、混合砂浆、聚合物水砂浆、麻刀灰、纸筋灰、保温砂浆颗粒等作为建筑墙体的饰面层的装修构造，是最传统的装修工艺。为了保证抹灰层牢固、平整，防止墙体开裂及脱落，抹灰前应先将基层表面清理干净，洒水湿润，然后再进行抹灰施工，如图 3-75所示。

水泥砂浆抹灰

（1）作用：一是防护功能，保护墙体不受风、雨、雪的侵蚀、增加墙面防潮、防风化、隔热的能力，提高墙身的耐久性能、热工性能；二是美化功能，改善室内卫生条件，净化空气，美化环境，提高居住舒适度。

（2）特点：施工简便，造价低，施工速度快。

（3）分类：

1）按质量分：普通抹灰、高级抹灰。

2）按工艺分：一般抹灰、装饰抹灰（水刷石、水磨石）。

（4）施工工序：基层处理→抹灰饼→墙面充筋→分层抹灰→刮扛→沙平→压光。

1）基层处理

① 基层清理：抹灰前基层表面的尘土、污垢、油渍等应清除干净，并应撒水湿润（黏土砖墙），如图 3-75 所示。

② 非常规抹灰的加强措施：当抹灰总厚度≥35mm 时，应采取加强措施，不同材料基体交接处表面的抹灰，应采取防止开裂的加强措施。当采用加强网时，加强网与各基体的搭接宽度不小于 100mm，加强网应绷紧、钉牢。钢筋混凝土墙要喷浆，如图 3-76、图 3-77 所示。

剪力墙的喷浆处理

图 3-75　洒水湿润

图 3-76　钉铁丝网

图 3-77　喷浆

③ 细部处理：外墙抹灰工程施工前应先安装钢木门窗框、护栏等，并应将墙上的施工孔洞堵塞密实，室内墙面、柱子面和门洞口的阴阳角的做法应符合设计要求，设计无要求时，应采用 1：2 水泥砂浆做暗护角，其高度不应低于 2m，每侧宽度不应小于 50mm，如图 3-78所示。

图 3-78　护角

2）吊垂直，套方，找规矩，做灰饼，如图 3-79 所示。

3）墙面冲筋：当灰饼砂浆达到七八成干时，即可用与抹灰层相同的砂浆充筋。充筋根数根据房间的宽度和高度确定，一般标筋宽度为 50mm，两筋间距不大于 1.5m，当墙面高度小于 3.5m 时宜做立筋，大于 3.5m 时宜做横筋。做横向充筋时，做灰饼的间距不宜大于 2m，如图 3-80 所示。

4）分层抹灰，如图 3-81 所示。

5）设置分格缝（外墙）。

6）保护成品：一般在抹灰 24h 后进行养护。

（5）厚度：应控制在外墙 20～25mm，内墙 15～20mm，但具体厚度还应看墙体砌筑情况：

1）普通抹灰：18mm，表面光滑、洁净，接茬平整。

图 3-79　抹灰饼

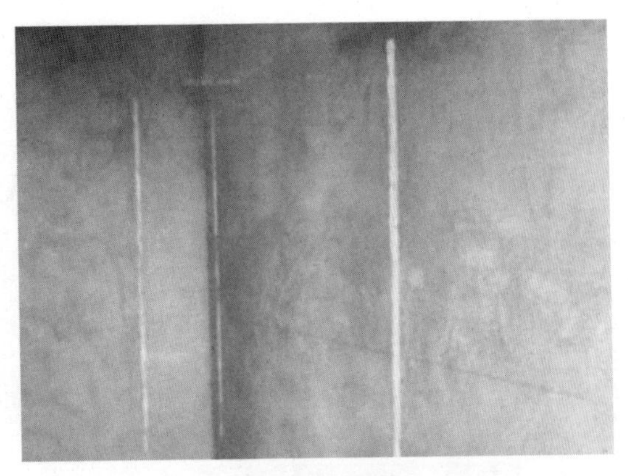

图 3-80　充筋

图 3-81　抹灰

2）中级抹灰：20mm，表面光滑、洁净，接茬平整，线角顺直清晰。

3）高级抹灰：25mm，表面光滑、洁净，颜色均匀，无抹纹，线角和灰线平直方正，清晰美观。

质检员检查抹灰质量

（6）特殊部位的装修：踢脚线（美观，擦地时防污染）；墙裙。

（7）检验与维修

1）检验：垂直度、平整度、阴阳角，如图 3-82 所示。

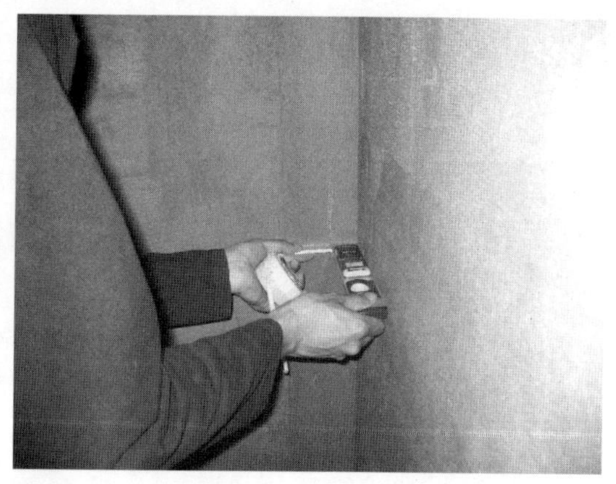

图 3-82 检验

2）维修：

① 对灰皮脱落、空鼓和爆灰等损坏现象，应将损坏部分全部铲除，根据原抹灰的种类严格按照施工做法操作，进行局部修补或全部重新抹灰。

② 对裂缝现象，当灰皮开裂而基体未开裂时，可加宽裂到 20mm 以上，清除缝中杂质，浇水湿润，再按抹灰做法补缝，补抹的灰要与原有的灰结合严密、平直；当灰皮与基体同时开裂时，应首先查出裂缝的原因再修补抹灰，先修补基体裂缝，后修补表面裂缝。补抹的灰要与原有的灰面尽量一致。

③ 对于装饰抹灰，修补时应使新旧抹灰用料力求一致，抹灰面平整、密合、颜色接近和协调。若难以保证和原来颜色一致，可采取分格成块地铲掉重做的方法，使新旧接搓成规则的矩形，虽色泽各有差异，但对美观影响不大。

④ 局部修补时，新旧抹灰接搓要牢靠。可先抹四周接搓处，再逐步往里抹。抹时要压实平整，接搓处更需压实。

（三）贴面类

贴面类装修是指利用各种天然或人造板材、块材，粘贴或绑挂于基层表面的装修做法，如图 3-83 所示。

贴砖、贴马赛克

图 3-83 贴瓷砖

图 3-83 贴瓷砖（续）

（1）陶瓷面砖和锦砖是以陶土或瓷土作为原材料，经过加工成型、锻烧面制成的产品。

（2）可以根据是否上釉面分为陶土釉面砖、玻化砖、仿古砖、全抛釉砖。

（3）特点：强度高、表面光滑、美观耐用、吸水率低、耐久性强、防水、易清洁、装饰效果好。

（4）工艺流程：

1）粘贴釉面砖：基层清扫处理→抹底子灰→选砖→浸泡→排砖→弹线→粘贴标准点→粘贴瓷砖→勾缝→擦缝→清理。

2）粘贴陶瓷锦砖：清理基层→抹底子灰→排砖弹线→粘贴→揭纸→擦缝。

基层处理时，应全部清理墙面上的各类污物，并提前一天浇水湿润。混凝土墙面应凿除凸起部分，将基层凿毛，清净浮灰。或用掺有 107 胶的水泥砂浆拉毛。抹底子灰后，底层六七成干时，进行排砖弹线。正式粘贴前必须粘贴标准点，用以控制粘贴表面的平整度，操作时应随时用靠尺检查平整度，不平、不直的，要取下重粘。

瓷砖粘贴前必须在清水中浸泡 2h 以上，以砖体不冒泡为准，取出晾干待用。铺粘时遇到管线、灯具开关、卫生间设备的支承件等，必须用整砖套割吻合。镶贴完，用棉丝将表面擦净，然后用白水泥浆擦缝。

（5）施工要点：

1）外墙不建议贴砖，容易发生返碱现象，掉落后果严重。

2）冬天不能施工。

3）基层必须清理干净，不得有浮土、浮灰。旧墙面要将原灰浆表层清净。

4）瓷砖必须浸泡后阴干。因为干燥板铺贴后，砂浆水分会很快被板块吸走，造成水泥砂浆脱水，影响其凝结硬化，发生空鼓。

（四）干挂石材

石材干挂法又名空挂法，是目前墙面装饰中一种新型的施工工艺，公共建筑比较常用。该方法以金属挂件将饰面石材直接吊挂于墙面或空挂于钢架之上，不需再灌浆粘贴。其原理是在主体结构上设主要受力点，通过金属挂件将石材固定在建筑物上，形成石材装饰幕墙，如图 3-84 所示。

内墙干挂石材的施工

图 3-84　干挂石材

该工艺是利用耐腐蚀的螺栓和耐腐蚀的柔性连接件，将花岗石、人造大理石等饰面石材直接挂在建筑结构的外表面，石材与结构之间留出 40～50mm 的空腔。用此工艺做成的饰面，在风力和地震力的作用下允许产生适量的变位，以吸收部分风力和地震力，而不致出现裂纹和脱落。当风力和地震力消失后，石材也随结构而复位。

1. 工序

放线→埋板→焊角马→焊主龙骨→焊次龙骨→挂石材。

2. 特点

（1）可以有效地避免传统湿贴工艺出现的板材空鼓、开裂、脱落等现象，明显提高了建筑物的安全性和耐久性。

（2）可以完全避免传统湿贴工艺板面出现的泛白、变色等现象，有利于保持幕墙清洁美观。

（3）在一定程度上改善施工人员的劳动条件，减轻了劳动强度，从而加快工程进度。

乳胶漆的滚涂

（五）涂刷类

涂刷类装修是指将各种涂料涂刷在基层表面形成牢固的膜层，达到保护和装饰墙的作用，如图 3-85 所示。

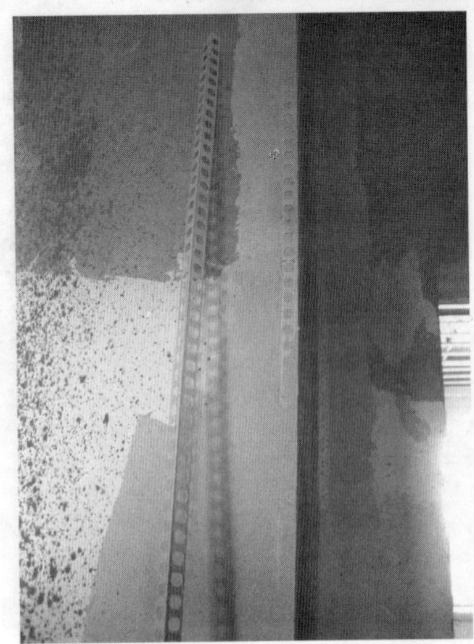

图 3-85　批腻子

1. 特点

省工，省料，工期短，工效高，自重轻，更新方便，造价低廉，绿色环保。

2. 分类

（1）无机涂料（很少用）。

（2）有机涂料（常用）：成膜性好，抗裂性好，防水防潮性好，耐擦洗性好，多功能涂料越来越多。

壁纸的铺贴

（六）裱糊类

裱糊类装修是将各种具有装饰性的墙纸、墙布等卷材用胶粘剂固定在墙面上的一种装修做法，如图 3-86 所示。

图 3-86　贴壁纸

壁纸一般系工厂生产，具有很好的色彩、花饰、质感等装饰效果。裱糊壁纸可以减少现场湿作业，基层处理也比刷油漆、涂料简便。多数壁纸表面可耐水擦洗；有的品种有一定的透气性，可使墙体基层中的水分向外散，不致引起开胶、起鼓、变色等现象；有的品种有一定的延伸性；有的品种遇火自熄或完全不燃烧。

裱糊施工必须在墙面基本干燥、抹灰面返白、顶棚喷浆和门窗油漆已完成、电气和其他设备安装完毕后进行。裱糊前先进行墙面基层处理。裱糊时预先把纸裁好，然后在纸背面刷水，使纸充分吸湿、伸胀，再刷胶。墙面也需先刷胶。纸贴到墙上后，要求花纹对贴完整，不空鼓，无气泡，在距墙 1.5m 处看不出接缝，斜视无胶迹，墙面清洁。玻璃纤维墙布无吸水膨胀问题，而且在背面刷胶易渗透至正面，所以只在墙面刷胶即可裱糊。

（1）墙纸分类：PVC 壁纸、无纺布壁纸、纯纸浆壁纸。

（2）胶粉分类：马铃薯、糯米。

镶钉工程的施工

（七）镶钉类

镶钉类装修是指把各种人造薄板铺钉或胶粘在墙体的龙骨上，形成装修层的木装修做法，如图 3-87 所示。

（1）组成：龙骨、面板（密度板、纤维板等）。

（2）分类：硬包、软包。

（3）特点：因多采用木质材料，故防潮防火性能差；因多采用胶粘，易造成污染。

（八）幕墙

幕墙是建筑的外墙围护，不承重，像幕布一样挂上去，故又称为“帷幕墙”，是现代大型和高层建筑常用的带有装饰效果的轻质墙体。幕墙是由面板和支承结构体系组成的，可相

图 3-87　硬包

对主体结构有一定位移能力或自身有一定变形能力，不承担主体结构所起作用的建筑外围护结构或装饰性结构。

1. 分类

(1) 玻璃幕墙：因其具有较好的通透性，最为常用，如图 3-88 所示。

常见的玻璃幕墙结构形式为：隐框、半隐框、明框、点式、全玻璃等。

1) 按玻璃类型分为：单片玻璃、胶合玻璃、中空玻璃。

2) 按玻璃安装方式分为：全玻璃幕墙、玻璃砖幕墙、点接驳式玻璃幕墙。

全玻璃幕墙：吊挂式玻璃幕墙、座地式玻璃幕墙。

玻璃砖幕墙：框架式玻璃砖幕墙、填充式玻璃砖幕墙。

点接驳式玻璃幕墙：拉杆式玻璃幕墙、拉索式玻璃幕墙、桁架式玻璃幕墙。

(2) 金属板幕墙：单片铝板、复合铝板、铝塑板、不锈钢板、钛合金板、彩钢板。

(3) 非金属板（玻璃除外）幕墙：石材板、蜂巢复合板、千思板、陶瓷板、钙塑板、人造板、预铸造型水泥加工板。

图 3-88　玻璃幕墙

（4）石材幕墙：组合幕墙、钢销式石材幕墙、短槽式石材幕墙、通槽式石材幕墙、背栓式石材幕墙、小单元式石材幕墙、湿贴式石材幕墙、蜂窝石材幕墙。

2. 优点

（1）质量轻：在相同面积的比较下，玻璃幕墙的质量约为粉刷砖墙的 1/10～1/12，是大理石、花岗岩饰面湿做法墙的 1/15，是混凝土挂板的 1/5～1/7。一般建筑，内、外墙的质量约为建筑物总重量的 1/4～1/5。采用幕墙可大大减轻建筑物的重量，从而减少基础工程费用。

（2）设计灵活：艺术效果好，建筑师可以根据自己的需求设计各种造型，可呈现不同颜色，与周围环境协调，配合光照等使建筑物与自然融为一体，让高楼建筑减少压迫感。

（3）抗震能力强：采用柔性设计，抗风抗震能力强，是高建筑的最优选择。

（4）系统化施工：系统化的施工更容易控制好工期，且耗时较短。

（5）现代化：可提高建筑新颖化、科技化，如光伏节能幕墙、双层通风道呼吸幕墙等与智能科技配套的设计。

（6）更新维修方便：由于是在建筑外围结构搭建，方便对其进行维修或者更新。

知识链接

1. 勾缝

（1）勾缝广泛应用在装饰墙砖、砖墙、石墙等砌筑工程中。勾缝形式有平缝、凹缝、斜缝、凸缝。相同的勾缝形式在不同的工程中要求是不相同的。

例如，房屋建筑中清水墙常见的几种勾缝形式的特点及其勾缝时开缝的做法如下：

平缝：操作简便，勾成的墙面平整，不易剥落和积圬，防雨水的渗透作用较好，但墙面较为单调。

凹缝：凹缝是将灰缝凹进墙面 5～8mm 的一种形式。勾凹缝的墙面有立体感，但容易导致雨水渗漏，而且耗工量大，一般宜用于气候干燥地区。

斜缝：斜缝是把灰缝的上口压进墙面3～4mm，下口与墙面平，使其成为斜面向上的缝。斜缝泻水方便，适用于外墙面和烟囱。

凸缝：凸缝是在灰缝面做成一个矩形或半圆形的凸线，凸出墙面约5mm。凸缝墙面线条明显、清晰，外观美丽，但操作比较费事。

清水墙开缝的方法是：先将墙面清理冲刷干净，然后用粉袋线拉直弹线。开缝要用薄快的扁锥子细致操作，勾好缝后，应做到缝道均匀一致，外观顺畅美观。

(2) 勾缝剂也称填缝剂，是以白水泥为主料，加入少量无机颜料、聚合物及微量防菌剂组成的干粉状材料，它没有防水性能。勾缝剂分为有沙型和无沙型，前者主要用在宽砖缝上，后者主要用在窄砖缝上。填缝剂JCTA-360是一种以水泥为基材的固体粉末，主要用于瓷砖、面砖、大理石、花岗石等砖材之间填缝。

(3) 瓷砖勾缝剂又称面砖勾缝剂，该材料是由水泥、石英砂、填颜料配以多种添加剂经机械混合均匀而成。瓷砖勾缝剂主要用于瓷砖和面砖间的填缝剂，亦被称为聚合物瓷砖勾缝剂。

瓷砖勾缝剂优点：

1) 粘结力强并具有韧性，能吸收基面及砖块的持续振动及收缩，防止裂纹产生。

2) 具有憎水功能，防止水分从瓷砖缝渗入，防止防潮并杜绝反浆挂泪现象产生。

3) 无毒、无味、无污染、防霉抗菌，确保饰面恒久常新。

4) 色彩鲜艳，可满足不同装饰效果的要求。

2. 石板材的固定方法

(1) 插销式

通过专业的开孔设备，在瓷板棱边精确加工成一条圆孔，将销针植入孔中，通过连接件将瓷板固定在龙骨上。

由于在瓷板棱边开孔，容易崩边，瓷板损耗大，施工工艺复杂，现已被淘汰，基本不采用。

(2) 开槽式

通过专业的开槽设备，在瓷板棱边精确加工成一条凹槽，将挂件扣入槽中，通过连接件将瓷板固定在龙骨上。

开槽式瓷板幕墙的缺点：

1) 对瓷板厚度要求较高，一般瓷板不小于15mm厚。

2) 开槽时容易崩边，损耗大。

3) 需要安装钢龙骨，加大建筑物承重，且增加成本。

4) 保温要单独安装，保温安装与幕墙安装交叉施工，安全隐患大。

(3) 背栓式

通过专业的开孔设备，在瓷板背面精确加工里面大、外面小的锥形圆孔，把锚栓植入孔中，拧入螺杆，使锚栓底部完全展开，与锥形孔相吻合，形成一个无应力的凸型结合，通过连接件将瓷板固定在龙骨上。

背栓式干挂幕墙的缺点：

1) 需要安装钢龙骨，加大建筑物承重，且增加成本。

2) 保温要单独安装，保温安装与幕墙安装交叉施工，安全隐患大。

3) 板材的受力方式为点承重，抗震性能差，安全系数低。

该工艺与传统的湿作业工艺比较，免除了灌浆工序，可缩短施工周期，减轻建筑物自重，提高抗震性能，更重要的是有效地防止灌浆中的盐碱等色素对石材的渗透污染，提高其装饰质量和观感效果。

传统的以灌浆为连接手段的饰面板，由于季节性室外温差变化引起的外饰面胀缩变形，使饰面板可能脱落，对人身安全造成威胁，相比之下，干挂石材的施工工艺可有效预防饰面板脱落伤人事故的发生。

这种干挂饰面板安装工艺亦可与玻璃幕墙或大玻璃窗、金属饰面板安装工艺等配套应用。现国内不少大型公共建筑的石材内外饰面板安装工程采取这种干挂石材的施工工艺。

3. 有机涂料与无机涂料的区别

(1) 无机涂料的基料材料往往直接取材于自然界，因而来源十分丰富。例如，硅溶胶、硅酸盐溶液等涂料基料，其主要原材料来源于石英质矿石，是自然界中极为丰富的材料。

(2) 相对于一些有机涂料基料来说，无机涂料基料的生产及使用过程中对环境的污染小，产品多数是以水为分散介质，无环境和健康方面的不良影响。

(3) 无机涂料的耐老化及某些物理化学性能是绝大多数相同生产成本的有机涂料很难达到的，因此其具有较好的技术经济性能。

(4) 无机涂料多数呈碱性，更适合于在同样显碱性的水泥和灰砂等基层上应用，而且可与这些基材中的石灰产生化学反应生成硅酸钙晶体，能够和基层形成一体，因而其附着力特别好。

(5) 有机涂料的耐水性、耐潮性、耐擦洗性、抗裂性等都优于无机涂料，所以现在市场上有机涂料占有率较大。

4. 壁纸施工要求

(1) 裱糊前，应将基体或基层表面的污垢、尘土清除干净，泛碱部位宜使用9%的稀醋酸中和、清洗。不得有飞刺、麻点、砂粒和裂缝。阴阳角应顺直。

(2) 附着牢固，表面平整的旧溶剂型涂料墙面在裱糊前应打毛处理。

(3) 裱糊前，应以醇酸清漆涂刷封闭基层。

(4) 裱糊前，应按壁纸的品种、图案、颜色、规格进行选配分类，拼花裁切，编号后平放待用。裱糊时按编号顺序粘贴。

(5) 壁纸裱糊的主要工序包括：清扫基层，填补缝隙，接缝处贴接缝带，补找腻子，砂纸打磨，满刮腻子磨平，涂刷防潮剂，涂刷打底涂料（清油），壁纸浸水，基层涂刷粘结剂，壁纸涂刷粘结剂，裱糊，擦净胶水，清理修整。

注意事项：

1) 不同材料的基层相接处应糊接缝带。

2) 对于抹灰面和混凝土面，必要时可增加满刮腻子遍数。

(6) 在纸面石膏板上做裱糊，板面应先用油性石膏腻子局部找平，在纸面石膏板上做裱糊，板面应先满刮一遍石膏腻子。

(7) 墙面应采用整幅裱糊，并统一预排对花拼缝。不足一幅的应裱糊在较暗或不明显部位，阴角处接缝应搭接，阳角处不得有接缝，应包角压实。

(8) 对木料面的基层，裱糊壁纸应先涂刷一层涂料，使其颜色与周围墙面颜色一致。

(9) 裱糊第一幅壁纸前，应弹垂直线，作为裱糊时的准线。

(10) 裱糊复合壁纸严禁浸水，应先将壁纸背面涂刷胶粘剂，放置数分钟，裱糊时基层表面也应涂刷胶粘剂。

(11) 带背胶的壁纸，应在水中浸泡数分钟后裱糊。

(12) 对于需重叠对花的各类壁纸，应先裱糊对花，然后再用钢尺对齐裁下余边。裁切时，应一次切掉，不得重割。对于可直接对花的壁纸则不应剪裁。

(13) 除标明必须“正倒”交替粘贴的壁纸外，壁纸的粘贴均应按同一方向进行。

(14) 赶压气泡时，对于压延壁纸可用钢板刮刀刮平，对于发泡及复合壁纸则严禁使用钢板刮刀，只可用毛巾、海绵或毛刷赶平。

(15) 裱糊好的壁纸，压实后，应将挤出的胶粘剂及时擦净，表面不得有气泡、斑污等。

5. 壁纸工程验收质量要求

(1) 壁纸必须粘贴牢固，表面色泽一致，不得有气泡、空鼓、裂缝、翘边、皱折和斑污，斜视时无胶痕。

(2) 表面平整，无波纹起伏。壁纸与挂镜线、贴脸板和踢脚板紧接，不得有缝隙。

(3) 各幅拼接横平竖直，拼接处花纹、图案吻合，不离缝、不搭接，距墙面 1.5m 处正视，不显拼缝。

(4) 阴阳转角垂直，棱角分明，阴角处塔接顺光，阳角处无接缝。

(5) 壁纸边缘平直整齐，不得有纸毛、飞刺。

(6) 不得漏贴、补贴和脱层等。

6. 壁纸施工要点

基层处理时空裂部位要剔凿重做，满刮腻子最少两遍，把气孔、麻点、凹凸不平地方填刮平整光滑。每遍腻子要薄，打磨后再刮下一番，不同材质基层的接缝处，一定要粘贴接缝带。要注意阴阳角、窗台下、明显管道后、踢脚板上缘等地方必须清理干净，使其光滑、平整。

涂刷防潮剂防止壁纸受潮脱落，防潮剂一般是涂刷防潮涂料，以酚醛清漆和汽油按清漆：汽油=1：3（体积比）比例配制，涂刷均匀，不可太厚。

涂刷底胶以提高与壁纸的粘结能力，底胶一遍完活，不能有遗漏。

弹线是保证壁纸粘贴横平竖直、图案正确的根据。弹垂线有门窗的墙体以立边分划为好；无门窗的墙面可选一个近窗台的角落，在距壁纸宽短 50mm 处弹垂线。如拼花并要求花纹对称，要在窗中弹出中心线，再向两边分线。

如窗户不在墙体中间，为保证窗间墙阳角对称，应在墙面弹中心线，由中心线向两侧分线。

不同壁纸润纸的方法不同。塑料壁纸在使用前清水浸泡 3min，取出抖掉浮水，晾置 30min 左右使用；也可采用闷水方法，把纸背用排笔均匀刷水后，晾 15min 左右使用也可。玻璃纤维壁纸、墙布等，遇水没伸缩，不需润纸。复合纸壁纸及纺织纤维壁纸也不需闷水，使用前用湿布在纸背擦一遍即可刷胶。

墙面通常不刷胶，但壁纸厚时要按规范刷胶。

裱糊壁纸要按先垂直面后水平面、先细部后大面、先上后下的顺序进行。拼花壁纸，要把握先垂直后拼花的方法。贴水平时，先高后低，从墙面所弹垂线开始至阴角处收口。

裱糊要注意拼缝，通常采用重叠拼缝法，将两侧壁纸对花重叠 20mm，在重叠地方用壁纸刀自上而下切开，清除余纸后刮平。拼缝时要特别注意用力均匀，一刀切割两层壁纸，不能留毛茬，又不要切破墙面基层。发泡壁纸、复合壁纸不要用刮板赶压，可用板刷或毛巾赶压。阴阳角地方不可拼缝，可搭接，壁纸绕过墙角的宽度要大于 12mm。裱糊时要尽可能卸下墙面上物件，不易卸下的，可采用中心十字切割法切割裱糊。

7. 幕墙的发展趋势

(1) 从笨重型走向更轻型的板材和结构：天然石材厚度25mm，新型材料最薄达到1mm。

(2) 品种少逐步走向多类型的板材及更丰富的色彩：目前有石材、陶瓷板、微晶玻璃、高压层板、水泥纤维丝板、玻璃、无机玻璃钢、陶土板、陶保板、金属板等近60种板材应用在外墙。

(3) 更高的安全性能。

(4) 更灵活、便捷的施工技术。

(5) 更高的防水性能，延长了幕墙的寿命（从封闭式幕墙发展到开放式幕墙）。

(6) 环保节能：现今欧美建筑市场比较常用的为金属装饰保温板，由经过彩色烤漆的铝锌合金雕花饰面、聚氨酯保温层、玻璃纤维布复合而成，兼顾装饰和保温节能功能，面漆10～15年无褪色，整体使用寿命可达45年。

本章作业题

1. 砌筑常用的砂浆是哪种？
2. 砖墙的砌筑要求是什么？实心砖墙有哪些砌筑方式？
3. 什么是空斗墙？有何特点？
4. 绘出混凝土散水的构造。
5. 勒脚的做法有哪些？绘出图示。
6. 墙身防潮层的作用是什么？水平防潮层的做法有哪些？什么时候设垂直防潮层？
7. 试述窗台的作用及构造要点。
8. 常用的门窗过梁有哪几种？各自的适用范围是什么？图示钢筋砖过梁的构造。
9. 试述圈梁和构造柱的作用、设置位置及构造要点。
10. 什么是附加圈梁？图示其构造。
11. 图示墙体变形缝的构造形式及盖缝构造。
12. 隔墙和隔断有什么区别？各有哪些类型？
13. 图示门窗框与砌块墙的连接构造。
14. 墙面装修的作用是什么？常见的装修做法有哪些？
15. 什么是普通抹灰？什么是高级抹灰？区别在哪？

本章思考题

1. 为什么超高层的外墙都采用玻璃幕墙？
2. 简述外墙贴砖和涂料各自的特点和适用范围。
3. 观察你的教室和宿舍的墙体属于哪种墙。
4. 墙体的保温材料有哪几种？分几个级别？
5. 外墙面干挂石材与贴瓷砖各自的特点是什么？
6. 砖墙立皮数杆的目的是什么？
7. 砌体墙留槎的要求有哪些？
8. 家装与工装的工序有哪些？

第四章　楼板与楼地坪

【知识点及学习要求】

序号	知识点	学习要求
1	楼板与楼地坪的构造组成	了解楼板与楼地坪的构造组成及作用
2	钢筋混凝土楼板的构造	掌握各种钢筋混凝土楼板的构造和特点
3	楼地面与顶棚的构造	了解楼地面与顶棚的构造
4	阳台与雨篷的构造	了解阳台与雨篷的构造

第一节　概　　述

重点

楼板的组成和作用各是什么？

楼板与楼地坪统称为楼地层，是主要承受建筑使用荷载的构件。某建筑如果没有地下室，则一楼脚踩的为地面；二楼、三楼等脚踩的为楼板面；屋顶脚踩的为屋面。

一、组成

楼地层的组成如图 4-1 所示。

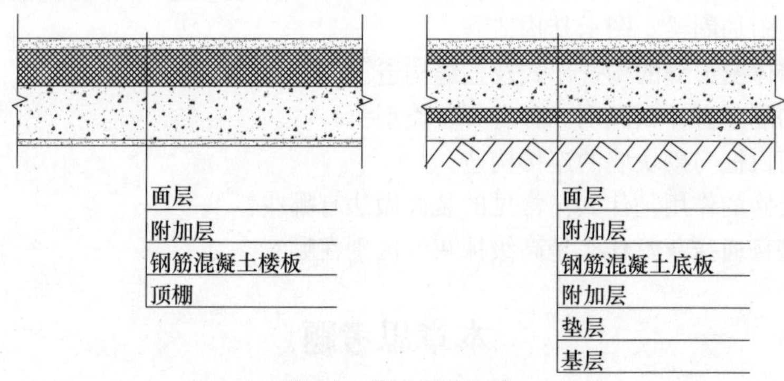

图 4-1　楼地层的组成

(a) 楼板层；(b) 地坪层

1. 楼板层

(1) 面层：直接受各种物理（磕碰等）和化学作用（腐蚀等），应满足坚固、耐磨、平整、光洁、不起尘、易于清洁、防水、防火等作用；因其属于表层，还应具有一定的装饰作用，如住宅最常用的面层材料为瓷砖和木地板。

地热的施工

(2) 附加层：当房间对楼板层和地坪层有特殊要求时可加设相应的附加层，如地热层、保温层、防水层等，如图 4-2～图 4-7 所示。

图 4-2　聚氨酯防水涂料

图 4-3　聚氨酯防水层

图 4-4　保温苯板

图 4-5　保温层和热反射膜

图 4-6　铺设地热管

图 4-7　细石混凝土覆盖

（3）楼板：是楼板层的结构层，承受全部荷载（自重、使用荷载等）并把荷载传给墙或柱，同时对墙或柱起水平支撑作用，增加了建筑的整体刚度。楼板应具有足够的强度和刚度，并应符合隔声、防火等要求。

（4）顶棚：位于楼板层最下面的装饰层，要满足使用和美观的要求。涂刷类和吊顶最为常见。

2. 地坪层

(1) 面层：与楼板层相同。

(2) 附加层：与楼板层相同。

(3) 钢筋混凝土底板：是楼板层的结构层，承受全部荷载（自重、使用荷载等）并把荷载传给基层，应具有足够的强度和刚度，并应符合防潮等要求，如图 4-8、图 4-9 所示。

图 4-8 底板钢筋绑扎

图 4-9 底板混凝土浇筑

(4) 附加层：与楼板层相同，如图 4-10 所示。

(5) 垫层：位于基层与底板之间的过渡层，其作用是满足底板浇筑所需的刚度和平整度，有刚性垫层和非刚性垫层两种。

1) 刚性垫层：C10 混凝土，厚度 60～100mm，适用于无底板地坪或整体面层和小块料面层的地坪，如水泥砂浆、地砖等地面。

2) 非刚性垫层：级配砂石、三合土等，厚度 60～120mm，适用于有钢筋混凝土底板的地坪，如图 4-11 所示。

图 4-10 保温层

图 4-11 级配砂石垫层

(6) 基层：位于最下面的承重土。当地坪上部荷载较小时，一般采用素土夯实；当地坪上部荷载较大时，则需对基层进行加固处理，如灰土夯实等，如图 4-12、图 4-13 所示。

图 4-12　灰土搅拌

图 4-13　素土夯实

二、作用

(1) 分隔垂直建筑空间。

(2) 承受并传递荷载。

(3) 隔声、防水、防火。

(4) 对墙体起水平支撑作用，提高刚度。

三、楼板按材料的不同分类

(1) 木楼板：木楼板是在由墙或梁支撑的钢梁或木搁栅上铺钉木板所形成的楼板，除古建筑和临时建筑以外很少采用，如图 4-14 所示。优点是自重轻、保温性能好、舒适、有弹性、节约钢材和水泥等；缺点是易燃、易腐蚀、易被虫蛀、耐久性差，特别是需耗用大量木材。

图 4-14　木楼板

(2) 现浇钢筋混凝土楼板：现浇钢筋混凝土楼板是指在现场依照设计位置，进行支模、绑扎钢筋、浇筑混凝土，经养护、拆模板而制作的楼板。特点是强度高、刚度大、耐久、耐火、耐水性好，具有良好的可塑性，便于工业化生产，但自重较大，是目前应用最为广泛的楼板类型。

第二节　钢筋混凝土楼板

重点

现浇钢筋混凝土楼板的种类有哪些？各自的特点及适用范围是什么？

一、施工工序

构件原位支模→绑扎钢筋→浇筑混凝土→养护→拆模→钢筋混凝土楼板，如图 4-15～图 4-17 所示。

图 4-15　楼板支模

图 4-16　楼板绑扎钢筋

图 4-17　楼板浇筑混凝土

二、特点

（1）优点：可塑性强、整体性强、抗震性能好、防水及防火性能好等。

（2）缺点：模板用量大、自重大、工序多、工期长、工人劳动强度大，并且受季节和天气的影响较大。

三、分类

1. 板式楼板

（1）概念：将楼板现浇成一块平板，四周直接支承在墙上，这种楼板称为板式楼板。

（2）特点及适用范围：楼板底面平整、支模方便，但承受荷载能力弱，板跨度较小，所以板式楼板适用于房间尺寸不大的居住性建筑等。

（3）分类（按受力特征）：

1）单向板：板的长边与短边之比 $l_1/l_2>2$ 时，板上的荷载基本传给横墙，这种板称为单向板，如图 4-18（a）所示。单向板短向钢筋为受力钢筋，长向钢筋为分布钢筋。

2）双向板：板的长边与短边之比 $1 \leqslant l_1/l_2 \leqslant 2$ 时，板上的荷载传给两个方向的墙，这种板称为双向板，如图 4-18（b）所示。双向板双方向均为受力钢筋。

（4）传力途径：板→墙。

2. 梁板式楼板

（1）概念：当房间平面尺寸较大时，为了避免楼板的跨度过大，可在楼板下设梁来减小跨度，这种由梁、板组成的楼板称为梁板式楼板。

（2）特点：受力合理，承载能力强，适用于大空间的公共建筑。

（3）分类（按梁布置情况）：

1）单梁式楼板

① 概念和适用范围：当房间有一个方向的平面尺寸相对较小时，可以沿短向设梁，梁直接搭在墙上，这种楼板就是单梁式（图 4-19、图 4-20），如教学楼等。

② 传力途径：板→梁→墙或柱。

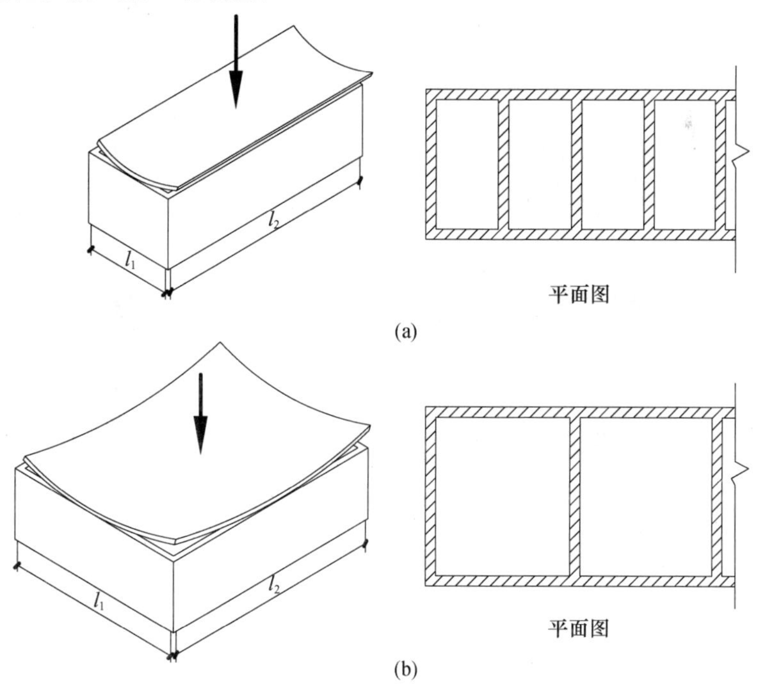

图 4-18　楼板的受力、传力方式

（a）单向板；（b）双向板

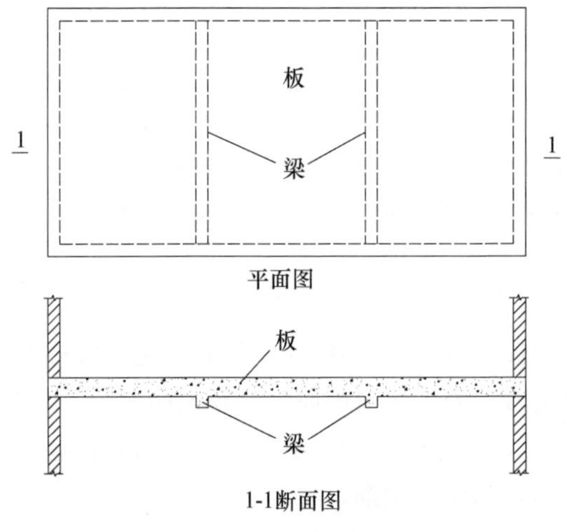

图 4-19 单梁式楼板平面图和断面图

图 4-20 单梁式楼板

2）双梁式楼板

① 概念和适用范围：当房间有两个方向的平面尺寸相对较大时，则需要在板下两个方向设梁，一般沿短向设置主梁，沿长向设置次梁，这种由板、主梁、次梁组成的楼板称为双梁式楼板（图 4-21、图 4-22），如教学楼、办公楼等。

支模板

② 施工工序：支梁模板→支板模板→绑梁钢筋→绑板钢筋→浇注梁板混凝土。

绑钢筋

③ 传力途径：板→次梁→主梁→墙或柱。

浇筑混凝土

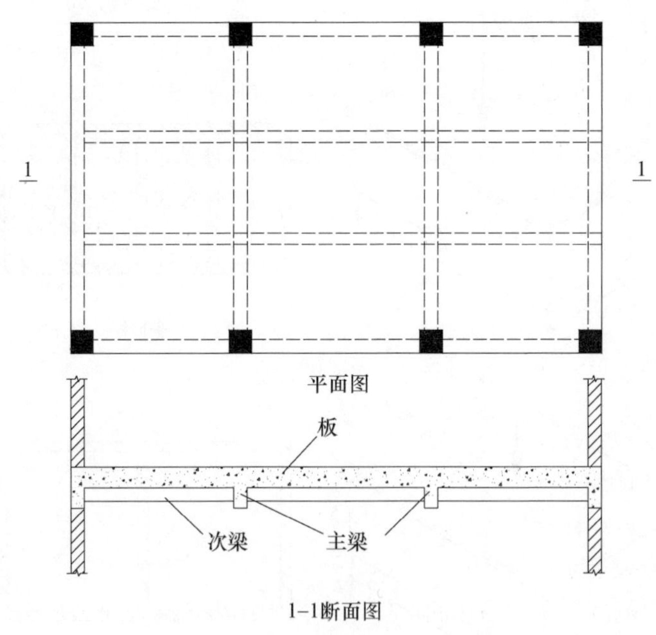

图 4-21 双梁式楼板平面图和断面图

3）井式楼板

① 概念和适用范围：当房间的跨度较大，并且平面形状近似正方形时，常在板下沿两个方向设置等距离、等截面尺寸的井字形梁，这种楼板称为井式楼板（图 4-23），适用于公

共建筑的大厅。

② 特点：梁无主次之分，具有较强的装饰性。

③ 传力途径：板→井字梁→墙或柱。

图 4-22　双梁式楼板

图 4-23　井式楼板

3. 无梁式楼板

(1) 概念和适用范围：无梁楼板是在楼板跨中设置柱子来减小板跨，是不设梁的楼板。当使用荷载较大时，在柱与楼板连接处（柱顶）设柱帽和托板来增加柱与板的接触面积，进而提高楼板的承载能力。无梁楼板的柱间距宜为 6m，成方形布置。由于板的跨度较大，故板厚不宜小于 150mm，且要在板内设置加强钢筋（图 4-24、图 4-25），适用展览馆等。

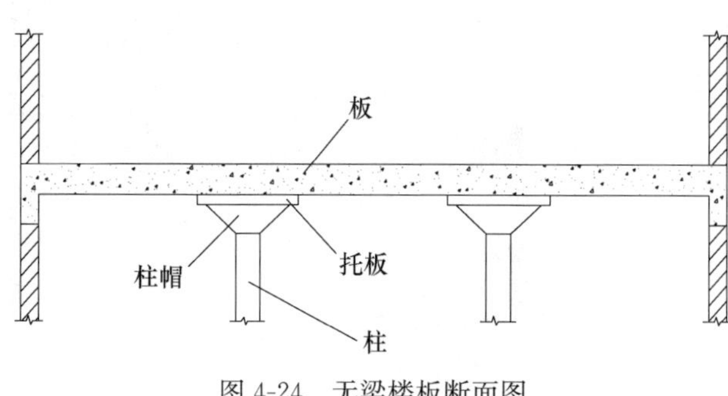

图 4-24　无梁楼板断面图

图 4-25　无梁楼板

(2) 特点：板底平整、净空高度大，采光通风好。

(3) 分类：

1) 有柱帽：当使用荷载较大时采用。

2) 无柱帽：当使用荷载较小时采用。

(4) 传力途径：板→柱。

4. 压型钢板组合楼板

(1) 概念和适用范围：以凹凸相间的压型钢板为衬板，在上面绑钢筋，浇筑混凝土，这种由衬板、钢筋、混凝土组合形成的整体式楼板称为压型钢板组合楼板（图 4-26），适用于高档商建和高档写字楼，在国际上已普遍采用。

(2) 施工步骤：压型钢板铺设在钢梁上→与钢梁之间用栓钉连接→绑扎钢筋→浇筑混凝土→养护→压型钢板组合楼板，如图 4-27 所示。

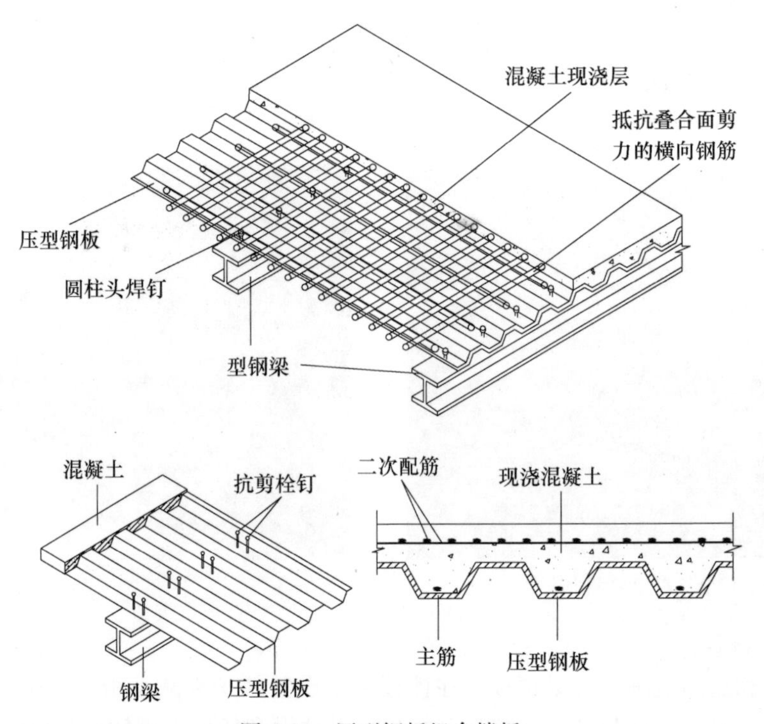

图 4-26　压型钢板组合楼板

图 4-27　压型钢板组合楼板

图 4-27　压型钢板组合楼板（续）

（3）特点：压型钢板承受人员施工时和材料自重的荷载，压型钢板既可以承受板底的拉力，又是楼板的永久性模板，简化了施工工序，加快了施工进度，并且具有较强的承载能力、刚度和整体稳定性，但耗钢量大，造价高；板底材质为钢，需做防锈和防火处理，超高层或大型项目使用较多。

5. 现浇空心楼板

（1）概念和适用范围：在现浇楼板施工时，在楼板上下层钢筋网片间预埋轻质管材（以轻质多孔聚苯泡沫材料作为填充主材或由水泥、固化剂、纤维制成的复合高强薄壁 GBF 管），然后浇筑混凝土，形成中空的楼板（图 4-28），适用于食堂等公共建筑。

图 4-28　现浇空心楼板

（2）现浇空心楼板施工工艺流程：

1）支板底模，轻质管放线，肋间打孔。

2）铺设下铁及水电管线。

3）用组合格栅串起填充体，并安放下垫块，铺放填充体及开槽处理。

4）铺设上铁，并放钢筋马凳。

5）安放轻质管上垫块。

6）穿整体抗浮铁丝。

7）隐蔽验收，浇筑混凝土。

（3）特点：减少混凝土用量，自重轻，隔声效果好，既适合于单向板，又适合于双向板。

四、预制式钢筋混凝土楼板

特点：节约模板、缩短工期、整体性差、抗震能力差，民用建筑已基本不允许采用，厂房屋面板偶尔会采用，在此不多讲解。

知识链接

（1）现浇单向板的厚度 h 除满足建筑功能外，还应符合下列要求：

1）跨度小于1500mm的屋面板厚度大于或等于50mm。

2）跨度大于或等于1500mm的屋面板厚度大于或等于60mm。

3）民用建筑楼板厚度大于或等于60mm。

4）工业建筑楼板厚度大于或等于70mm。

5）行车道下的楼板厚度大于或等于80mm。

此外，为了保证刚度，单向板的厚度尚应不小于跨度的1/40（连续板）、1/35（间支板）、1/12（悬臂板）。

（2）现浇双向板的厚度 h 除满足建筑功能外，还应符合下列要求：

1）密肋板肋间距小于或等于700mm，楼板厚度大于或等于40mm，肋间距大于700mm，楼板厚度大于或等于50mm。

2）悬臂板的悬臂长度小于或等于500mm，楼板厚度大于或等于60mm。

3）板的悬臂长度大于500mm，楼板厚度大于或等于80mm。

4）无梁楼板的楼板厚度大于或等于150mm。

（3）压型钢板构造要求：

组合板中采用的压型钢板净厚度不小于0.75mm，最好控制在1.0mm以上。为便于浇筑混凝土，要求压型钢板平均槽宽不小于50mm，当在槽内设置圆柱头焊钉时，压型钢板总高度（包括压痕在内）不应超过80mm。组合楼板中，压型钢板外表面应有保护层以防御施工和使用过程中大气的侵蚀。以下情况组合板内应配置钢筋：1）连续板或悬臂板的负弯矩区应配置纵向受力钢筋；2）在较大集中荷载区段和开洞周围应配置附加钢筋；3）当防火等级较高时，可配置附加纵向受力钢筋；4）为提高组合板的组合作用，光面开口压型钢板，应在剪跨区（均布荷载在板两端 $L/4$ 范围内）布置直径为6mm、间距150～300mm的横向钢筋，纵肋翼缘板上焊缝长度不小于50mm；5）组合板应设置分布钢筋网，分布钢筋两个方向的配筋率不宜少于0.002。混凝土板裂缝宽度：连续组合板负弯矩的开裂宽度，室内正常环境下不应超过0.3mm，室内高温度环境或露天时不应超过0.2mm。连续组合板按简支板设计时，支座区的负钢筋断面不应小于混凝土截面的0.2%；抗裂钢筋的长度从支承边缘起，每边长度不应小于跨度的1/4，且每米不应小于5根。组合板厚度：组合板总厚度 h 不应小于90mm，压型钢板翼缘以上混凝土厚度 h_c 不应小于50mm。支撑于混凝土或砌体上时，支撑长度分别为100mm和75mm；支撑于钢梁上连续板或搭接板，最小支撑长度为75mm。

（4）框架梁内钢筋布置如图4-29所示。

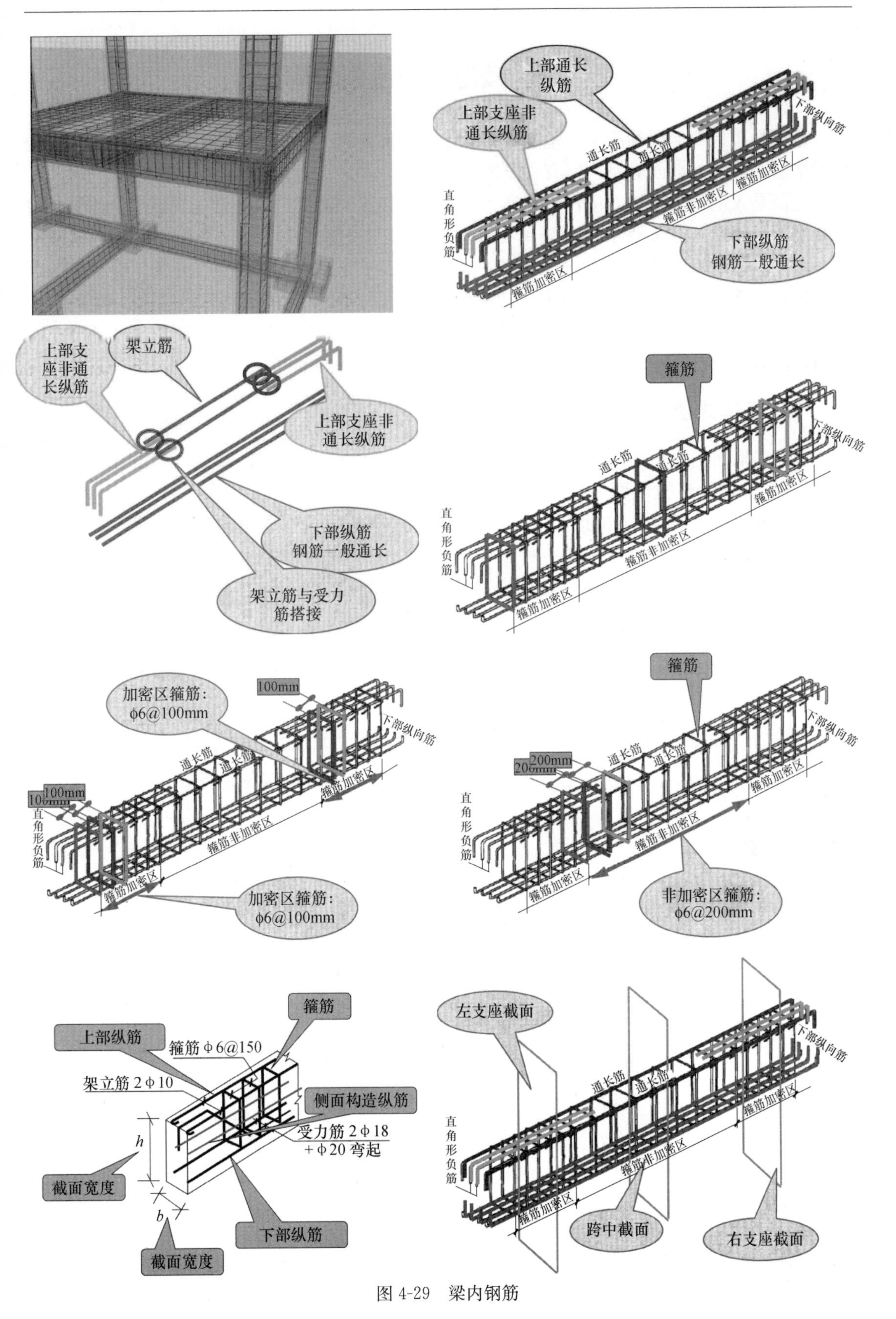
上部通长纵筋
上部支座非通长纵筋
通长筋
通长筋
下部纵向筋
箍筋加密区
箍筋非加密区
直角形负筋
下部纵筋钢筋一般通长
箍筋加密区
上部支座非通长纵筋
架立筋
上部支座非通长纵筋
下部纵筋钢筋一般通长
架立筋与受力筋搭接
箍筋
通长筋
通长筋
下部纵向筋
箍筋加密区
箍筋非加密区
直角形负筋
箍筋加密区
加密区箍筋: φ6@100mm
100mm
100mm
通长筋
通长筋
下部纵向筋
箍筋加密区
箍筋非加密区
直角形负筋
箍筋加密区
加密区箍筋: φ6@100mm
箍筋
200mm
200mm
通长筋
通长筋
下部纵向筋
箍筋加密区
直角形负筋
箍筋非加密区
箍筋加密区
非加密区箍筋: φ6@200mm
箍筋
上部纵筋
箍筋φ6@150
架立筋2φ10
侧面构造纵筋
受力筋2φ18
+φ20弯起
h
截面宽度
b
下部纵筋
截面宽度
左支座截面
通长筋
通长筋
下部纵向筋
箍筋加密区
直角形负筋
箍筋非加密区
箍筋加密区
跨中截面
右支座截面

图 4-29　梁内钢筋

第三节 楼地面与顶棚的构造

地面是楼板与地坪的面层。地面直接承受着上部荷载的作用，并将荷载传给下面的结构层或垫层。同时，地面对室内又有一定的装饰作用。

地面是人们日常生活、工作、生产、学习时直接接触的部分，经常受到摩擦、撞击、清扫和洗刷，因此有以下要求：一是具有足够的坚固性，使其在各种外力作用下，不易被磨损、破坏；二是表面平整、光洁、易清洗、不起灰；三是具有良好的热工性能，保证冬季在上面接触时不感到寒冷；四是具有一定的弹性，使人行走时，有舒适感；五是有一定的装饰性，使在室内活动的人群感到和谐、舒适；六是对有防潮、防水、耐腐、耐火等特殊要求的地面，应做相应的构造处理。

一、整体式楼地面

整体楼地面是指在施工现场用浇注和抹平的方法做成的楼地面。

(一) 水泥砂浆楼地面

水泥砂浆楼地面，是20世纪八九十年代应用最普遍的一种地面，是直接在现浇混凝土垫层的水泥砂浆找平层上施工的一种传统整体地面。水泥砂浆楼地面构造简单、坚固、耐磨、造价低 、装饰效果差，所以现在较少采用，如图4-30、图4-31所示。

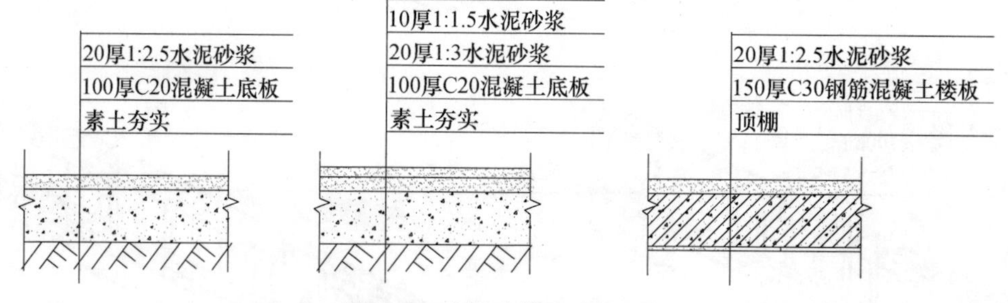

图4-30 水泥砂浆地面的组成

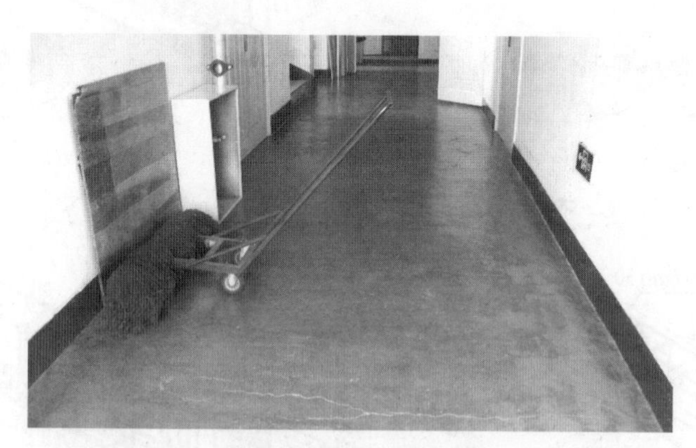

图4-31 水泥砂浆地面

(二) 现浇水磨石楼地面

现浇水磨石是用水泥，加入不同色彩、不同粒径的石子作为材料，在地面浇注一定厚度的水泥石子浆，经过表面补浆、打磨、打蜡等工序，制成一种具有设计图案的人造石地面。

现浇水磨石楼地面整体性好、防水、防火、不起尘、易清洁、装饰性好、耐久性好，但因其施工程序多、对材料质量和施工工艺要求较高等原因，较少采用，如图 4-32 所示。

图 4-32　现浇水磨石楼地面

工艺流程：基层处理→找标高→弹水平线→铺抹找平层砂浆→养护→弹分格线→镶分格条→拌制水磨石拌合料→涂水泥浆结合层→铺水磨石拌合料→滚压抹平→试磨 →粗磨→细磨→磨光→草酸清洗→打蜡上光。

（三）环氧自流平地面

环氧自流平地面如图 4-33 所示。

图 4-33　环氧自流平地面

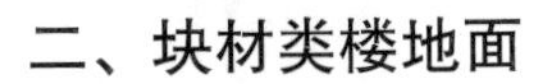

二、块材类楼地面

块材类楼地面是利用各种天然或人造的块材（陶瓷锦砖、缸砖、大理石板、花岗石板、马赛克等），通过铺贴形成面层的楼地面。这种楼地面易清洁、防水能力强、经久耐用、品种花色多、装饰性强，在公共建筑和住宅中最为常用。

（一）陶瓷砖楼地面

现在的地砖种类非常多，如抛光砖、玻化砖、釉面砖、微晶石等。它们共同的特点是致密光洁、耐污能力强、耐磨、吸水率低、不变色、导热系数比地板大，适合地热的房间铺贴等，属于小型块材。它们的铺贴方法类似，一般做法是先在楼板上洒素水泥浆作为结合层→在楼板上用干硬性水泥砂浆打底→用灰膏（水泥膏）或灰浆（水泥浆）铺贴→洒水养护。这种铺贴形式被称为干铺法，现在较为常用，如图 4-34、图 4-35 所示。

地砖铺贴、马赛克铺贴

图 4-34　干硬性水泥砂浆

图 4-35　瓷砖铺贴

(二) 石材地面 (花岗岩、大理石)

石材的铺贴

天然花岗岩或大理石为铺贴材料，大体做法是洒素水泥浆作为结合层→在楼板上用 30mm 干硬性水泥砂浆打底→试铺一行→用灰浆（水泥浆）铺贴→洒水养护→打磨结晶（高级天然需要）。石材类地面的特点是耐磨性好、装饰效果好、造价高，如图 4-36 所示。

图 4-36　石材铺贴

图 4-36　石材铺贴（续）

（三）木地板地面

木地板地面弹性好，导热系数小（脚踩上去感觉不像地砖那么凉），易清洁，防滑性比地砖好，给人感觉亲和力更强，适用于家庭使用，如图 4-37、图 4-38 所示。

（1）实木多层板：由多层实木单板粘贴形成基材，再贴一层名贵木材的薄板作为面层，然后进行淋漆而形成。

（2）强化复合地板：强化地板一般是由四层材料复合组成，即耐磨层、装饰层、高密度基材层、平衡（防潮）层。

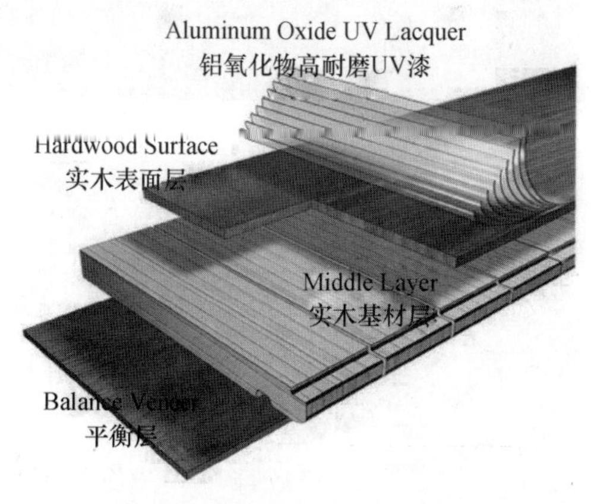

图 4-37　多层实木地板结构图

图 4-38　木地板

（四）PVC 地板地面

PVC 地板是当今非常流行的一种新型地面装饰材料，也称轻体地板，广泛应用于医院、机场、地铁等公共场所。PVC 地板是以聚乙烯及其共聚树脂为主要原料，加入填料、增塑剂、稳定剂、着色剂等辅料，在片状连续基材上，经涂敷工艺或压延、挤压等工艺生产而成，PVC 地板（塑料地板）采用胶粘法连接，所以对地面平整度要求高，需要做水泥砂浆自流平，如图 4-39、图 4-40 所示。

（五）地毯地面

会议室地毯地面如图 4-41 所示。

图 4-39　水泥砂浆自流平

图 4-39　水泥砂浆自流平（续）

图 4-40　PVC 地板

图 4-41　会议室地毯地面

三、顶棚

顶棚又称天棚、天花板。

（一）直接式顶棚

直接式顶棚是指在钢筋混凝土楼板上直接批腻子，然后喷、滚乳胶膝或贴壁纸而形成的顶棚。

（二）吊顶

吊顶是将顶棚悬吊于楼板结构层下一定距离而形成的顶棚。吊顶构造复杂，施工工序烦琐，造价高，但装饰效果好，并且提高了楼板的隔音性，也对天棚上的管线起隐蔽作用。因此，在设计吊顶构造时，应综合考虑建筑艺术、建筑声学、建筑热工、建筑防火及设备安装等方面的因素。

吊顶一般由吊杆（通丝螺纹杆）、龙骨和面层三个部分组成。龙骨是用来固定面层并承受其重量的部分，由主龙骨和次龙骨两部分组成。主龙骨与吊杆相连，次龙骨固定在主龙骨上。

1. 集成吊顶

集成吊顶（图 4-42）是吊杆、龙骨、收边条、HUV 金属方板与电器的组合，分为扣板模块、取暖模块、照明模块、换气模块。它具有安装简单、布置灵活、维修方便等特点，成为卫生间、厨房吊顶的主流。如今，随着集成吊顶业的日益发展，阳台吊顶、餐厅吊顶、客厅吊顶、过道吊顶等都逐渐成为家装的主流，为改变天花板色彩单调的不足，集成艺术天花板正成为市场的新潮。

图 4-42　集成吊顶

2. 轻钢龙骨石膏板吊顶

轻钢龙骨石膏板吊顶（图 4-43）是用轻钢龙骨做框架，然后覆上石膏板做成的，因其能使天棚形成层次感，且能够遮盖管线，是公共建筑常用的顶棚形式。轻钢龙骨按龙骨截面可以分为 U 型龙骨和 C 型龙骨，按规格可以分为 D60 系列、D50 系列、D38 系列和 D25 系列。

吊顶的施工

图 4-43　轻钢龙骨石膏板吊顶

图 4-43　轻钢龙骨石膏板吊顶（续）

3. *矿棉吸声板吊顶*

矿棉吸声板吊顶（图 4-44）表面处理形式丰富，板材有较强的装饰效果。有滚花、冲孔、覆膜、撒砂等多种表面处理方式，也可经过铣削成形的立体形矿棉板，表面制作成大小方块、不同宽窄条纹等形式。还有一种浮雕型矿棉板，经过压模成形，表面图案精美，有中心花、十字花、核桃纹等造型，是一种很好的装饰用吊顶、墙面型材。

矿棉板的优点是：①吸声效果好，质量较轻，一般控制在 180～450kg/m^3 之间，能减轻建筑物自重，是一种安全饰材。②具有良好的保温阻燃性能，矿棉板平均导热系数小，易保温。③矿棉板的主要原料是矿棉，熔点高达 1300℃，具有较高的防火性能。

矿棉板的缺点是：①吸声和隔声效果往往需要降低密度，使其中空，或者冲孔，这些方法会显著降低矿棉板的强度，导致吊装时容易损坏。②矿棉板表面主体为白色，容易受到其他挥发性溶剂的影响而发生黄变，建议装修最后吊装。③由于喷涂工艺良莠不齐，导致色差问题较为突出，购买时需要自己对照颜色。④撒砂板和浮雕板常常掉粉尘，不建议在潮湿环境中使用。

图 4-44　矿棉吸声板吊顶

矿棉板吊顶构造很多，并有配套龙骨，具有各种吊顶形式。例如，易于更换板材、检修管线、安装简单快捷的明龙骨吊装；具有良好隔热性能、在同一平面和空间可以用多种图案灵活组合的复合粘贴法吊装；不露龙骨、可自由开启的暗插式吊装等。可以根据用户需要选择其中一种安装方法，价位与其他吊顶材料的价格相当。

知识链接

1. 块材类楼地面铺贴注意事项

(1) 切记要开缝铺贴，防止瓷砖热胀剥落。

(2) 冬天施工时，房间一定要先关闭地热再进行铺贴，铺贴完数日后再开启地热。

(3) 铺贴过程中要注意暗纹。

2. 瓷砖分类

瓷砖按工艺分为：釉面砖、通体砖、抛光砖、玻化砖、陶瓷锦砖。

(1) 抛光砖：抛光砖就是通体砖坯体的表面经过打磨/抛光处理而成的一种光亮的砖，属于通体砖的一种。相对通体砖而言，抛光砖的表面要光洁得多。抛光砖坚硬耐磨，适合在除洗手间、厨房以外的多数室内空间中使用。在运用渗花技术的基础上，抛光砖可以做出各种仿石、仿木效果。抛光砖易脏，防滑性能不是很好。

(2) 玻化砖：这是一种高温烧制的瓷质砖，是所有瓷砖中最硬的一种。玻化砖比抛光砖的工艺要求更高。要求压机更好，能够压制更高的密度，烧制的温度更高，达到全瓷化。玻化砖就是强化的抛光砖。表面不需要抛光处理就很亮，更耐脏。抛光砖和玻化砖都比较漂亮，耐磨性高，一般用于客厅。

(3) 釉面砖：是在胚体表面加釉烧制而成的。主体又分陶体和瓷体两种。用陶土烧制出来的背面呈红色，瓷土烧制的背面呈灰白色。釉面砖表面可以做各种图案和花纹。比抛光砖色彩和图案更加丰富。因为表面是釉料，所以耐磨性不如抛光砖和玻化砖。釉面砖的鉴别除了尺寸还要看吸水率。砖压机好，密度高，烧制温度高，吸水率也就小。釉面砖色彩图案丰富，防滑性能好，一般用于厨房和卫生间。釉面砖一般不是很大，但是可以很小，例如马赛克。目前约80%的家庭装修者选此砖为地面装饰材料。

(4) 仿古砖：不是我国建陶业的产品，是从国外引进的。仿古砖从彩釉砖演化而来，实质上是上釉的瓷质砖。与普通的釉面砖相比，其差别主要表现在釉料的色彩上面。仿古砖属于普通瓷砖，与磁片基本相同。所谓仿古，指的是砖的效果，应该称为仿古效果的瓷砖。在烧制过程中，仿古砖技术含量要求相对较高，数千吨液压机压制后，再经千度高温烧结，使其强度高，具有耐磨、防水、防滑、耐腐蚀、易清洁的特性。

(5) 陶瓷锦砖：又名马赛克，规格多，薄而小，质地坚硬，耐酸、耐碱、耐磨、不渗水，抗压力强，不易破碎，彩色多样，用途广泛。

(6) 通体砖：这是一种不上釉的瓷质砖，有很好的防滑性和耐磨性。一般所说的“防滑地砖”大部分是通体砖。这种砖价位适中，颇受消费者喜爱。

3. 实木多层地板的优缺点

(1) 优点：无污染、花纹自然、典雅庄重，是目前家庭装潢中地板铺设的首选材料；弹性好，摩擦系数小，脚感舒适；有良好的保温、隔热、隔音、吸音、绝缘性能；用旧后可经过刨削、除漆后再次油漆翻新。

(2) 缺点：耐磨性差，易失光泽；干燥度要求较高，不宜在湿度变化较大的地方使用，否则易发生胀、缩变形；怕酸、碱等化学药品腐蚀，怕灼烧。

4. 强化复合地板的优缺点

（1）优点：与传统实木地板相比，规格尺寸大；花色品种较多，可以仿真各种天然或人造花纹；铺设后的地面整体效果好；色泽均匀，视觉效果好；与实木地板相比，表面耐磨性能高，具有更高的阻燃性能，耐污染、腐蚀能力强，抗压、抗冲击性能好；便于清洁、护理；尺寸稳定性好，因此可以保证在使用过程中地板间的缝隙较小，不易起拱；铺设方便，价格较便宜。

（2）缺点：与实木地板相比，该种地板由于密度较大，所以脚感稍差；由于在生产过程中使用甲醛系胶粘剂，因此该种地板存在一定的甲醛释放问题，若甲醛释放量超过一定标准，将对人身健康产生一定影响，并对环境造成污染。

5. 集成吊顶

（1）安装步骤：精确测量安装面积，做好安装准备；安装收边线；打膨胀螺栓，悬挂吊杆；安装吊钩，吊顶装轻钢龙骨；把安装好挂片的三角龙骨紧贴轻钢龙骨垂直方向在轻钢龙骨下方；将扣板压入三角龙骨缝中，确定互相垂直；安装电器；校验调整。

（2）集成吊顶和传统吊顶对比：见表 4-1。

表 4-1　集成吊顶和传统吊顶对比

项目	集成吊顶	传统吊顶
外观	吊顶、取暖、换气、照明一体化，平面化	吊顶与各电器部件装好后，显得凌乱，装饰效果不强
安装	吊顶、取暖、换气、照明一次完成安装，省时、省心	多个步骤实施，用户分别采购、安装，分心分时
实用	吊顶、取暖、换气、照明模块化	取暖、换气、照明采用是固定的成品，其安装距离、位置只能固定
安全性	强弱电分离，各电器部件布线独立，确保运转正常	热电集中在一起，容易导致电线、电子部件老化
价格	实惠，性价比更高	多次采购、安装，增大采购和安装成本
服务	一次性轻松完成吊顶、取暖、换气、照明的整个要求	分类服务，增加服务的难度并占用用户时间和精力
使用寿命	十年不变色、不变形	三年内就变黄，遇热变形，使用寿命短

（3）注意事项：要依据层高确定是否采用集成吊顶以及集成吊顶的形式。如果层高很低，甚至低于 2.5m，就不宜大面积集成吊顶，但可以在局部小范围集成吊顶。对于层高很高的房间，可以自由选择集成吊顶方式及造型，并可以采用大面积集成吊顶以降低层高。

第四节　阳台、雨篷的构造

一、阳台

阳台是供居住者进行室外活动、呼吸新鲜空气、晾晒衣物等的空间。阳台是建筑物室内向室外的延伸，其设计需要兼顾实用与美观的原则，如图 4-45 所示。

房屋建筑规范规定：在主体结构内的阳台，应按其结构外围水平面积计算全面积；在主体结构外的阳台，应按其结构底板水平投影面积计算 1/2 面积。露台不计算建筑面积。

北方不把凸出建筑物的冷阳台改成室内的暖阳台，因为这种冷阳台外墙比较薄，没有保温层，且窗面积太大，即使加暖气也不会暖和，反而使室内温度降低。

1. 组成

阳台由阳台板、阳台拦板、窗组成。

2. 分类

按与外墙的位置关系分类，可分为：

(1) 凸阳台：视野能透，比较常用，如图 4-46 (a) 所示。

(2) 凹阳台：采光不好，很少采用，如图 4-46 (b) 所示。

(3) 半凹半凸阳台，如图 4-46 (c) 所示

图 4-45　阳台

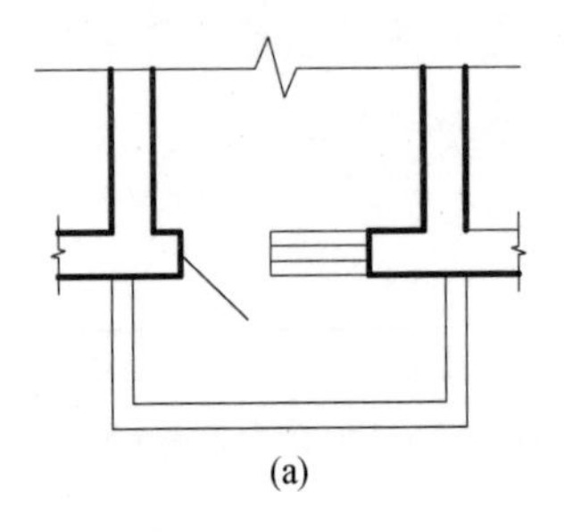

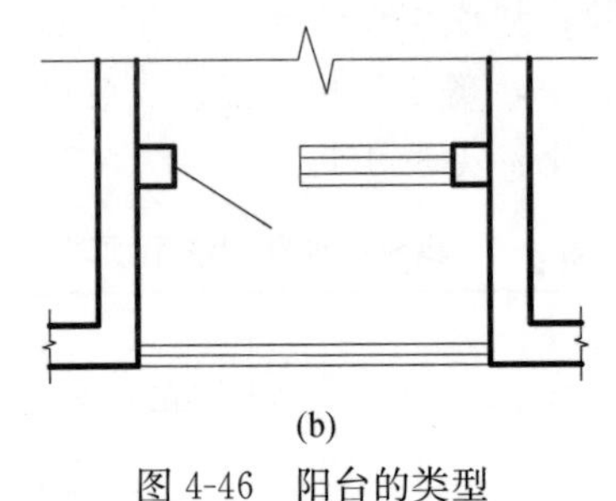

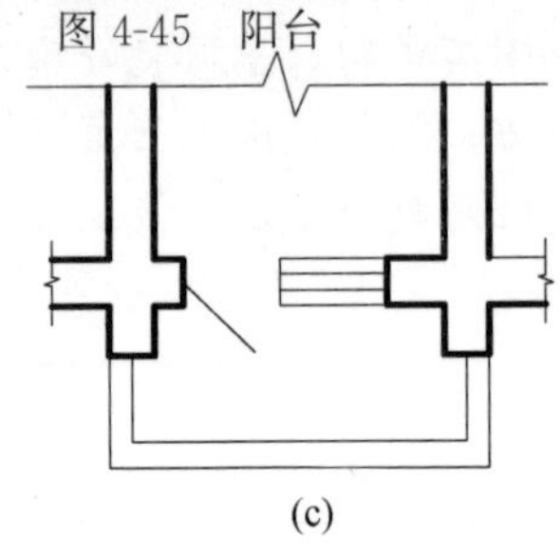

图 4-46　阳台的类型

(a) 凸阳台；(b) 凹阳台；(c) 半凹半凸阳台

3. 结构类型

(1) 墙承式：阳台板直接搭在墙上。这种结构形式的阳台稳定性好，保温性好，大多可以改为暖阳台，多用于凹阳台。

(2) 挑板式：阳台板为悬挑板，与室内的楼板整浇为一体，较为常用。

(3) 挑梁式：从建筑物的横墙上伸出挑梁，上面搁置阳台板。为防止阳台倾覆，挑梁压入横墙部分的长度应不小于悬挑部分长度的 1.5 倍。

4. 阳台的细部构造

(1) 阳台的拦杆（图 4-47）。栏杆一般采用圆钢、方钢或钢管制作而成。为保证安全，栏杆扶手在低层和多层住宅不应低于 1.05m；中高层住宅不低于 1.1m，但也不应大于 1.2m。栏杆垂直杆之间的净距不应大于 110mm，以防止儿童攀爬，不得设水平分格。栏杆与阳台板应有可靠的连接，通常是与预埋钢件进行焊接。

(2) 阳台栏板。北方的阳台因其冬天天气寒冷，多为封闭式。所以栏杆就变成栏板，栏板多与阳台底板整浇为一体。

图 4-47　阳台栏杆

二、雨篷

雨篷一般设置在建筑出入口的上方，用来遮挡风雨，保护大门，同时对建筑物的立面还

有一定的装饰作用，如图 4-48 所示。

（1）板式雨篷：与门洞口上的过梁整浇为一体。

（2）梁板式雨篷：当门洞口尺寸较大时，采用梁板式雨篷。即雨篷由梁和板组成。

（3）球形网架雨篷：如图 4-49 所示。

图 4-48　雨篷

图 4-49　网架雨篷

本章作业题

1. 什么是现浇钢筋混凝土楼板？有哪些类型？
2. 简述双梁式楼板的传力途径。
3. 无梁楼板没有梁，为什么适用于荷载较大的情况？
4. 简述压型钢板组合楼板的构造组成。
5. 预制板的特点是什么？有哪些类型？
6. 图示楼层、地坪层的基本构造组成。
7. 图示水泥砂浆地面、玻化砖地面、花岗石楼板的构造。
8. 图示楼层变形缝的构造。
9. 阳台的结构类型有哪些？
10. 简述顶棚的类型及悬吊顶棚的基本组成。

本章思考题

1. 简述地砖的种类及其适用范围。
2. 什么是干硬性水泥砂浆？
3. 什么时候瓷砖铺贴用灰膏？什么时候用灰浆？
4. 什么是湿铺法？为什么现在较为少用？
5. 球形网架雨棚的优点有哪些？
6. 什么是密肋板？
7. 什么是级配砂石？
8. 什么是受力钢筋？什么是分布钢筋？

第五章　楼　　梯

【知识点及学习要求】

序号	知识点	学习要求
1	楼梯的组成及作用	了解楼梯的组成及作用
2	楼梯的各种类型	了解楼梯的各种类型
3	钢筋混凝土楼梯的构造	掌握钢筋混凝土楼梯的构造
4	室外台阶与坡道的构造	了解室外台阶与坡道的构造

重点

楼梯的组成、作用、分类各是什么？

楼梯是建筑物中作为楼层间垂直交通用的构件。在设有电梯、自动梯作为主要垂直交通手段的多层和高层建筑中也要设置楼梯，供火灾时逃生之用，如图 5-1 所示。

自动扶梯用于人流量较大的公共建筑中，如商场、超市等；台阶一般用来联系室内和室外有高差的地面；坡道属于建筑中的无障碍垂直交通设施，也用于有车辆通行的建筑中；爬梯则只用作检修梯。

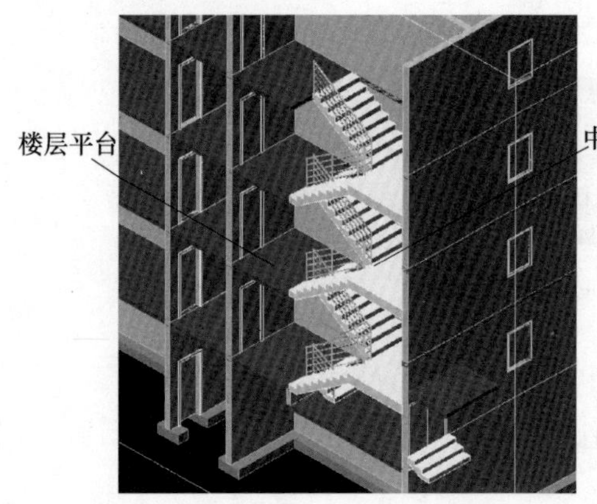

图 5-1　楼梯

第一节　概　　述

一、楼梯的组成

1. 楼梯段（梯段板）

楼梯段是联系上下层之间的倾斜构件，是主要使用和承重的构件，由若干个踏步组成（为了保证行走的连续性，也为了避免人们过于疲劳，踏步数一般多于 3 个、少于 18 个）。

每个踏步又由互相垂直的两个面组成，水平面为踏面，垂直面为踢面。

2. 楼梯平台

（1）概念和作用：是两楼梯段间的水平板，主要起缓解疲劳和改变行进方向的作用。

（2）分类：

1）中间平台：是位于上下楼之间的平台（转弯的地方）。

2）楼层平台：是与楼层相连的平台（开入户门脚踩的位置）。

相邻楼梯段和平台之间所围成的上下连通的空间，称为楼梯井。

3. 栏杆和扶手

栏杆是设置在楼梯段和平台临空侧的围护构件，应有一定的刚度，并应在上部设置扶手。

二、楼梯的分类

1. 按材料分类

（1）木楼梯：室内的装饰楼梯。

（2）钢筋混凝土楼梯：在结构刚度、耐火、造价、施工以及造型等方面都有较多的优点，应用最为普遍。

（3）钢楼梯：用于厂房和仓库等。在公共建筑中，多用作消防疏散楼梯。钢楼梯的承重构件可用型钢制作，各构件节点一般用螺栓锚接或焊接。构件表面用涂料防锈。踏步和平台板宜用压花或格片钢板防滑。

图 5-2　室外楼梯

2. 按与建筑物的位置关系分类

（1）室内楼梯。

（2）室外楼梯，如图 5-2 所示。

3. 按使用性质分类

（1）主要楼梯：在建筑主出入口附近设置的楼梯。

（2）辅助楼梯：大多设置在建筑边部，当建筑发生火灾、地震时，主要楼梯无法充分满足疏散要求而设置的楼梯。

（3）疏散楼梯：是针对带有电梯的建筑而言的，是在发生紧急情况时用来疏散人群的。不可以在通道内摆设物品，更不能将通道的出入口封闭，要保持通道的畅通，在没有电梯的建筑，通用的楼梯就是疏散楼梯，也是不可以在通道内摆设物品的。

（4）消防楼梯：通常为钢楼梯，专供消防人员使用，其位置和数量根据建筑物的性质、层数和防火要求确定。

4. 按楼梯的形式分类

（1）单跑楼梯。

（2）平行双跑楼梯：梯段之间是平行的关系。水平投影面积小，施工工序简单，最为常用，如图 5-3 所示。

（3）多跑楼梯，如图 5-4 所示。

（4）双分楼梯。

（5）双合楼梯。

（6）交叉楼梯。

（7）剪刀式楼梯，如图 5-5 所示。

图 5-3　平行双跑楼梯

图 5-4　多跑楼梯

图 5-5　剪刀式楼梯

5. 按楼梯间的平面形式分类

（1）封闭式楼梯，如图 5-6（a）所示。

（2）非封闭式楼梯，如图 5-6（b）所示。

（3）防烟楼梯，如图 5-6（c）所示。

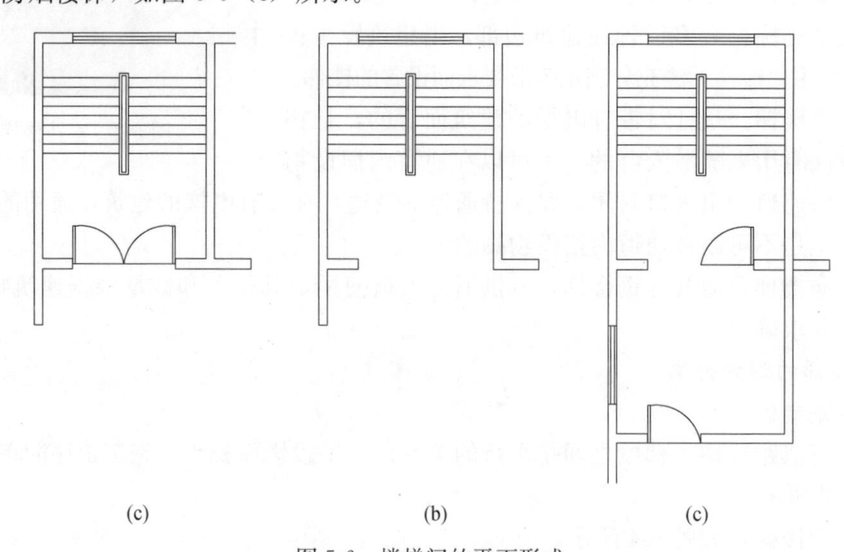

图 5-6　楼梯间的平面形式

（a）封闭式楼梯间；（b）非封闭式楼梯间；（c）防烟楼梯间

三、楼梯的尺度

1. 楼梯的坡度与踏步尺寸

(1) 楼梯的坡度：楼梯段的坡度就是楼梯的坡度。坡度越大，楼梯段的水平投影面积越小，越经济，但行走在上面更吃力；反之，坡度越小，楼梯段的水平投影面积越大，越不经济，但行走在上面较舒适。所以在确定楼梯坡度时，应综合考虑使用和经济因素。一般来说，人流量较大和使用对象为老幼病残的场所（大商场、电影院、敬老院、幼儿园、医院），楼梯坡度应较平缓；供正常人使用，人流量又不大的楼梯（住宅），其坡度可以大些。

楼梯的坡度有两种表示法，即角度法和比值法。角度法是指倾斜面与水平面的夹角，比值法是指倾斜面的垂直投影与水平投影的比值。一般楼梯的坡度范围在23°～45°之间。坡度小于23°时，应设坡道。

(2) 踏步尺寸：踏面为250～340mm，踢面为140～180mm。

2. 楼梯段宽度与平台宽度

(1) 楼梯段宽度：指楼梯段临空侧扶手中心线到另一侧墙面之间的水平距离。

1) 影响因素：人流股数、防火要求、建筑物的使用性质。

2) 尺寸要求：住宅梯段宽度≥1100mm，公共梯段宽度≥1300mm。

(2) 平台宽度：平台宽≥梯段宽≥1100mm。

3. 楼梯的净空高度（图5-7）

(1) 梯段上的净空高度≥2200mm。

(2) 平台上的净空高度≥2100mm。

4. 扶手高度

扶手高度为900～1000mm。

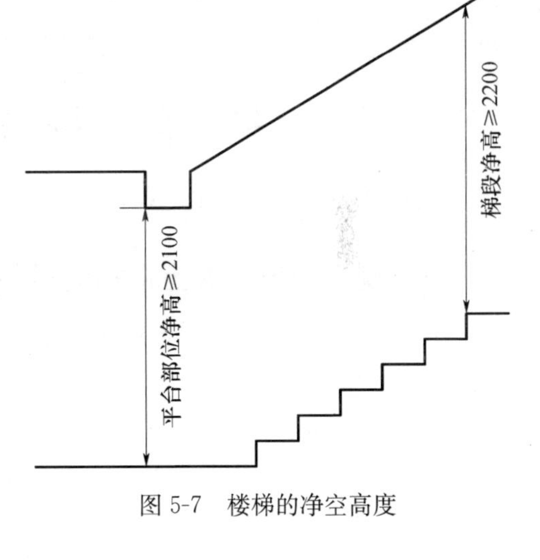

图5-7　楼梯的净空高度

知识链接

电梯是一种以电动机为动力的垂直升降机，装有箱状吊舱，用于多层建筑乘人或载运货物的运输工具。20世纪末，电梯采用永磁同步曳引机作为动力，大大缩小了机房占地，并且具有能耗低、节能高效、提升速度快等优点，极大地助推了房地产向超高层方向发展。电梯的组成如下。

1. 空间

机房部分、井道及底坑部分、轿厢部分、层站部分。

2. 系统

(1) 曳引系统：曳引系统的主要功能是输出与传递动力，使电梯运行。曳引系统主要由曳引机、曳引钢丝绳、导向轮、反绳轮组成。

(2) 导向系统：导向系统的主要功能是限制轿厢和对重的活动自由度，使轿厢和对重只能沿着导轨做升降运动。导向系统主要由导轨、导靴和导轨架组成。

(3) 轿厢：轿厢是运送乘客和货物的电梯组件，是电梯的工作部分。轿厢主要由轿厢架和轿厢体组成。

(4) 门系统：门系统的主要功能是封住层站入口和轿厢入口。门系统主要由轿厢门、层门、开门机、门锁装置组成。

(5) 重量平衡系统：重量平衡系统的主要功能是相对平衡轿厢重量，在电梯工作中能使轿厢与对重间的重量差保持在限额之内，保证电梯的曳引传动正常。重量平衡系统主要由对重和重量补偿装置组成。

(6) 电力拖动系统：电力拖动系统的主要功能是提供动力，实行电梯速度控制。电力拖动系统主要由曳引电动机、供电系统、速度反馈装置、电动机调速装置等组成。

(7) 电气控制系统：电气控制系统的主要功能是对电梯的运行实行操纵和控制。电气控制系统主要由操纵装置、位置显示装置、控制屏（柜）、平层装置、选层器等组成。

(8) 安全保护系统：安全保护系统的主要功能是保证电梯安全使用，防止一切危及人身安全的事故发生。安全保护系统主要由电梯限速器、安全钳、夹绳器、缓冲器、安全触板、层门门锁、电梯安全窗、电梯超载限制装置、限位开关装置组成。

第二节　钢筋混凝土楼梯的类型与构造

钢筋混凝土楼梯坚固、耐久、耐火，所以在民用建 筑中被大量采用。

一、现浇钢筋混凝土楼梯的类型

现浇钢筋混凝土楼梯是把楼梯段和平台与楼板整体浇筑在一起的楼梯，虽然模板用量大，施工工序多，但整体性好、刚度大、有利于抗震，所以在工程中应用广泛。

楼梯混凝土的浇筑

1. 板式楼梯

把楼梯段看作一块斜放的板，梯段放置在平台梁上，平台梁之间的距离为楼梯段的跨度。其传力过程为：楼梯段→平台梁→楼梯间墙或楼梯柱，如图 5-8～图 5-12 所示。

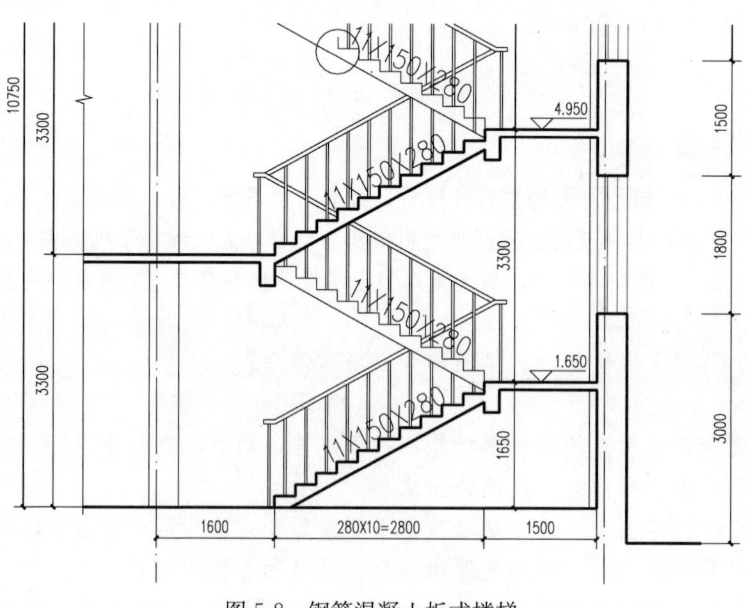

图 5-8　钢筋混凝土板式楼梯

图 5-9　钢筋混凝土板式楼梯支模板绑钢筋

图 5-10　钢筋混凝土板式楼梯浇筑混凝土

图 5-11　钢筋混凝土板式楼梯抹灰

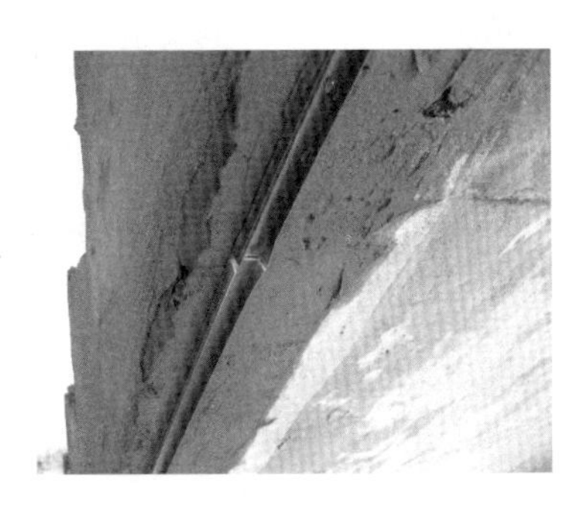

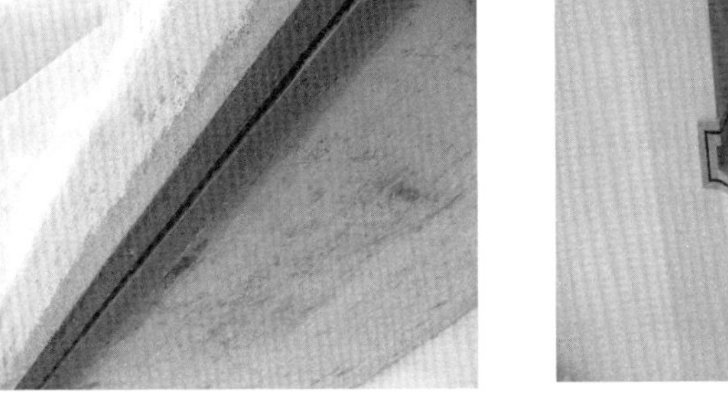

图 5-12　滴水槽

板式楼梯底面平整，外形简洁，施工方便，所以应用最为广泛。

2. 梁板式楼梯

梁板式楼梯的楼梯段由踏步板和斜梁组成，楼梯段把荷载传给斜梁，斜梁两端支承在平台梁上，楼梯传力过程为：楼梯段→斜梁→平台梁→楼梯间墙或楼梯柱。斜梁位于楼梯板下部，这时踏步外露，称为明步；斜梁位于楼梯板上部，这时踏步被斜梁包在里面，称为暗步（图 5-13）。梁板式楼梯受力和施工复杂，所以较为少用。

图 5-13　暗步楼梯

二、钢筋混凝土楼梯的细部构造

1. 踏步面层

由于人流量大，楼梯踏面最容易受到磨损，所以踏面应耐磨、防滑、便于清洗，并应有一定的装饰性，常用的有水泥砂浆、瓷砖、花岗岩、大理石等，如图 5-14、图 5-15 所示。

水泥砂浆楼梯面的施工

图 5-14　水泥砂浆面层

图 5-15　天然大理石面层

2. 防滑构造

踏步表面光滑便于清洁，但在行走时容易滑倒，故应采取防滑措施，如图 5-16 所示。

栏杆扶手的安装

3. 栏杆

栏杆应有足够的强度（栏杆与预埋件焊接），能够保证使用时的安全，也要有一定的装饰作用，如图 5-17～图 5-19 所示。

4. 扶手

扶手材料一般有硬木、金属管、石材等，如图 5-20 所示。

图 5-16　防滑槽

图 5-17　预埋件安装

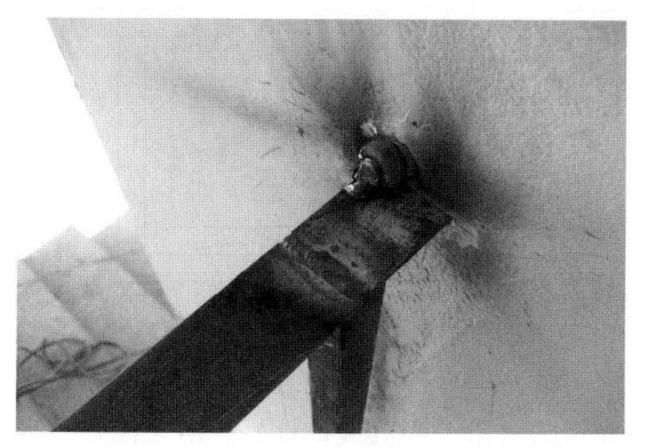

图 5-18　栏杆与预埋件焊接

图 5-19　栏杆安装

图 5-20　栏杆与扶手

知识链接

(1) 因为楼梯段是一块斜板，所以在浇筑混凝土前要控制好混凝土的坍落度（严禁往混凝土里浇水），否则混凝土就会从楼梯段模板中外溢，造成混凝土浪费。

(2) 梯段如果较长，应采用分段浇筑的形式，并应振捣密实，尽量减少蜂窝麻面的产生及后期的剔凿。

(3) 在后期的室内装饰施工中要做好楼梯面层及栏杆扶手的成品保护工作。

第三节　室外台阶与坡道

室外台阶与坡道是设在建筑物出入口的辅助构件，主要用来解决建筑物室内外的高差问题，也可以起到一定的装饰作用。一般建筑都设有台阶，但这近几年来坡道也越来越多地走进人们的视野，它不但可以供车辆通行，也可以供残疾人使用。

一、室外台阶

1. 组成

室外台阶由平台和踏步组成，如图5-21所示。

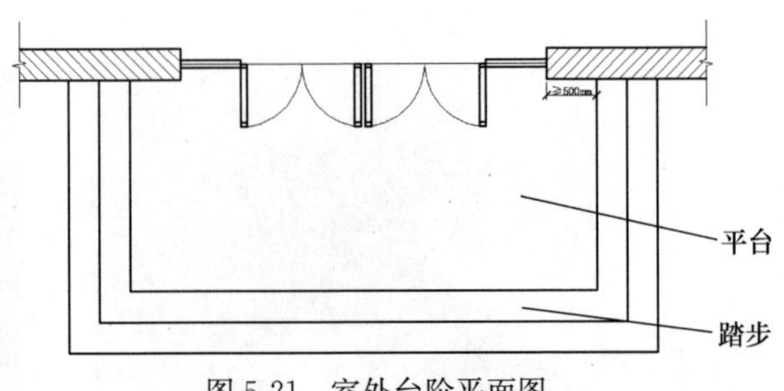

图5-21　室外台阶平面图

2. 工艺流程（以花岗石板饰面台阶为例）

准备工作→基层处理→试拼→弹线→试排→刷水泥浆及铺砂浆结合层→铺花岗石板块→灌缝、擦缝→打蜡。

3. 常用种类

(1) 花岗石板饰面台阶：以花岗岩石板为饰面板的台阶，因其装饰性好、耐久性好、强度高、耐磨性强、施工方便等特点被广泛应用，如图5-22、图5-23所示。

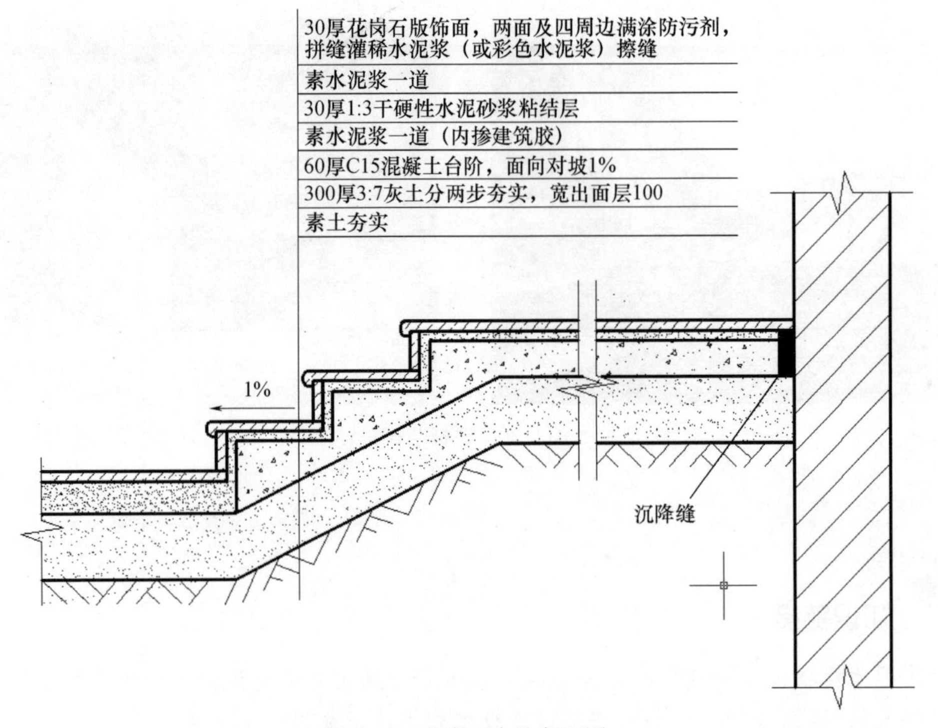

图5-22　花岗石台阶断面图

（2）条石饰面台阶：以各种石材条石为饰面板的台阶，因其大气美观，主要用于庄重的办公类建筑，如图 5-24、图 5-25 所示。

条石饰面台阶的施工

（3）混凝土台阶（具体构造见 11J930 图集）

（4）水泥砂浆抹面台阶（具体构造见 11J930 图集）

图 5-23　花岗石台阶

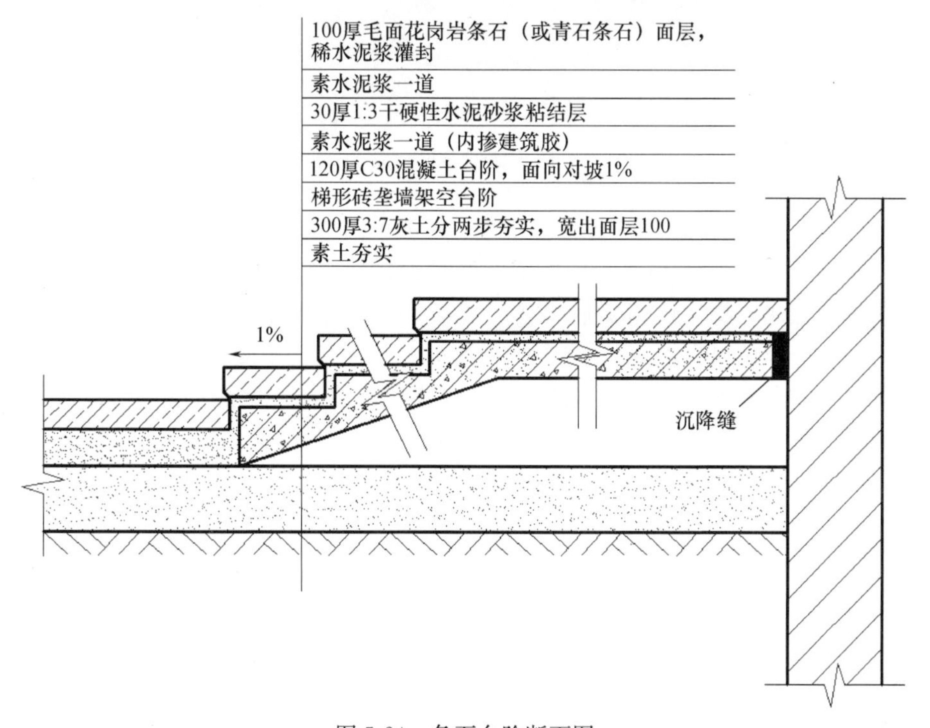

图 5-24　条石台阶断面图

4. 构造要点

（1）平台面应比洞口每边宽 500mm 以上，平台顶面标高应低于室内标高 20～50mm，向外做 1％的排水坡度。

图 5-25　条石台阶

（2）台阶踏步所形成的坡度应比楼梯平缓，一般踏面尺寸≥300mm，踢面尺寸≤150mm。

（3）高差超过 700mm，应在台阶的临空侧设置栏杆或栏板。

（4）台阶应在建筑物主体完工后再进行施工，并与主体结构之间留出约 10mm 的沉降缝（过后用沥青等弹性材料填塞），以确保冻胀时，主体结构不受影响。

（5）在寒冷、严寒冻胀地区，室外台阶应考虑抗冻要求，面层选用抗冻材料，且要做防滑处理，如防滑凹槽等。垫层宜采用防冻胀性材料（中粗砂等）填筑。

（6）台阶踏步数量较多时，可采用钢筋混凝土架空台阶。

二、坡道

坡道分为行车坡道和残疾人坡道。行车坡道一般设在公共建筑的主出入口，以便行车使用；残疾人坡道专供残疾人坐轮椅使用，现在要求居住建筑必须配备。

考虑人在坡道上行走时的安全，坡道的坡度受面层做法的限制：光滑面层坡道（主出入口坡道）不大于 1∶12；粗糙面层坡道（设置防滑条的地下室坡道）不大于 1∶6。坡道的构造与台阶都需要设垫层，季节冰冻地区需在垫层下设置非冻胀层（砂垫层），如图 5-26 所示。

图 5-26　室外坡道

图 5-26　室外坡道（续）

本章作业题

1. 楼梯由哪几部分组成？
2. 楼梯的形式有哪些？为什么多采用双跑式平行楼梯？
3. 楼梯的适宜坡度为多少？如何确定踏步尺寸？
4. 什么是梯段宽、平台宽？
5. 楼梯的净空高度有什么要求？
6. 如何解决一层平台下供人通行问题？
7. 钢筋混凝土楼梯的结构形式有哪些？各有何特点？
8. 踏步的防滑措施有哪些？并图示其构造。
9. 简述室外台阶的构造并图示。
10. 图示季节冰冻地区坡道的构造。

本章思考题

1. 楼梯设置不合理会带来哪些问题？请具例说明。
2. 室内木楼梯、玻璃楼梯、钢楼梯、钢筋混凝土楼梯哪个造价高？
3. 楼层平台与休息平台有什么区别？
4. 楼梯中的钢筋由哪几类组成？

第六章　屋　　顶

【知识点及学习要求】

序号	知识点	学习要求
1	屋顶的类型	了解各种类型的屋顶
2	平屋顶的防水	掌握平屋顶常用的防水形式
3	平屋顶的排水	掌握平屋顶常用的排水形式
4	平屋顶的柔性防水屋面	掌握平屋顶的柔性防水屋面的构造
5	平屋顶的刚性防水屋面	掌握平屋顶的刚性防水屋面的构造
6	坡屋顶的构造	了解坡屋顶的构造
7	出屋面管道	了解出屋面管道的种类

第一节　概　　述

重点

1. 屋顶的类型有哪些?

2. 平屋顶及坡屋顶的构造分别是什么?

屋面是屋面层最上面的构造，直接承受风吹、日晒、雨淋等作用，因此要有良好的防水性和耐久性。

一、屋顶的作用和构造要求

屋顶位于建筑物的最顶部，主要有三个作用：一是承重作用，承受作用于屋顶上的风、雨、雪、设备荷载和屋面层的自重。二是围护作用，防御自然界的风、雨、雪、太阳辐射和冬季低温的影响；三是装饰作用，屋顶对建筑立面有一定的装饰作用。

屋顶应满足坚固耐久、防水、排水、保温隔热、抵御侵蚀等使用要求，同时还应做到自重轻、构造简单、施工方便等。

二、屋顶的类型

1. 平屋顶

平屋顶是指屋面排水坡度不大于10%的屋顶，常用坡度为2%～3%。平屋顶主要特点是坡度平缓，可做露台。平屋顶构造简单，较为常用，如图6-1所示。

2. 坡屋顶

坡屋顶是指屋面排水坡度在10%以上的屋顶。按放坡的数量，分为单坡、双坡、四坡。坡屋顶有排水速度快、保温隔热性能好等特点，如图6-2所示。

图 6-1　平屋顶

图 6-2　坡屋顶

3. 曲面屋顶

曲面屋顶的承重结构多为空间结构，如薄壳结构、悬索结构、网架结构等。这些空间结构受力合理、造型美观，但施工复杂、造价高，一般适用于大跨度的公共建筑，如图 6-3 所示。

图 6-3　曲面屋顶

第二节　平屋顶的防水与排水

一、屋顶防水的种类

屋顶防水分为柔性防水和刚性防水。柔性防水如图 6-4 所示，刚性防水如图 6-5 所示。

图 6-4　柔性防水

图 6-5　刚性防水

二、平屋顶的排水方式

（一）无组织排水

屋顶在外墙四周挑出，形成挑檐，屋面雨水经挑檐自由下落到室外地坪，构造简单，但沿檐口下落的雨水会溅湿墙脚，有风时会污染墙面，冬天容易形成冰溜子，所以无组织排水只适用于低层建筑，如图 6-6 所示。

图 6-6　无组织排水

（二）有组织排水

有组织排水是在屋顶设置与屋面相垂直的纵向天沟，汇集雨水后，将雨水从雨水口、雨水管有组织地排到室外地面或地下排水系统，这种排水方式称为有组织排水，如图 6-7 所示。

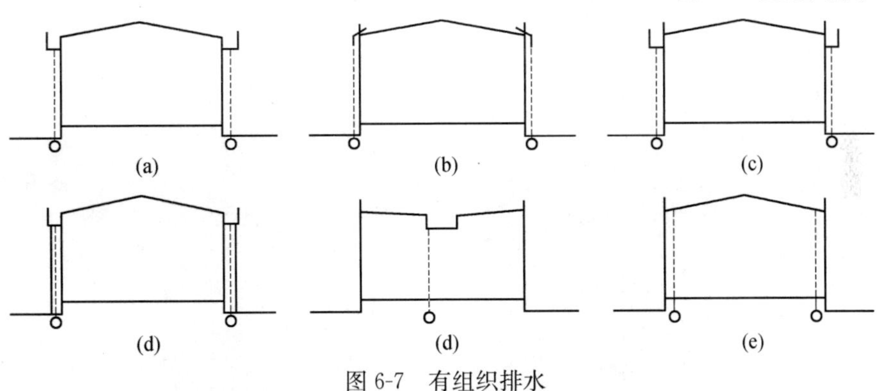

图 6-7　有组织排水

（a）挑檐外排水；（b）女儿墙外排水；（c）女儿墙挑檐沟排水；
（d）暗管外排水；（e）中间天沟内排水；（f）女儿墙内排水

1. 外排水

外排水是屋顶雨水由室外雨水管排到地面的排水方式。这种排水构造简单、造价低、应用广泛。

（1）挑檐外排水，如图 6-8（a）、图 6-9 所示。

（2）女儿墙外排水，如图 6-8（b）、图 6-10 所示。

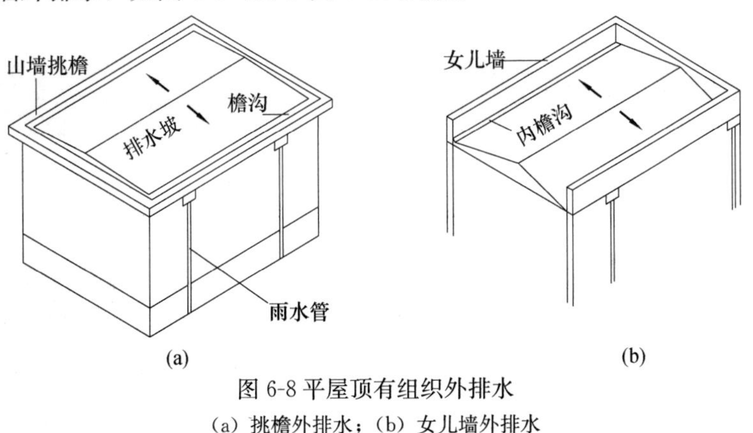

图 6-8 平屋顶有组织外排水

（a）挑檐外排水；（b）女儿墙外排水

图 6-9　挑檐外排水

图 6-10　女儿墙外排水

2. 内排水

内排水是屋顶雨水由设在室内的雨水管排走的排水方式。这种排水方式构造复杂，造价高，且占室内空间，一般适用于公共建筑、高层建筑等不适用于外排水的建筑，如图 6-11 所示。

图 6-11　内排水

第三节　平屋顶的柔性防水屋面

重点

卷材防水屋面的基本构造是什么？

柔性防水屋面是用具有良好延伸性、能适应温度变化的材料做防水层的屋面，现在常用的是卷材防水。卷材防水具有很好的防水性、延伸性、耐久性。

一、卷材防水屋面的基本构造

卷材防水屋面的基本构造如图 6-12 所示。

1. 顶棚

顶棚位于屋顶的底部，满足室内顶部的平整度和美观需要。

(1) 直接式：多用于住宅，如图 6-13 所示。

(2) 悬吊式：多用于公共建筑，如图 6-14 所示。

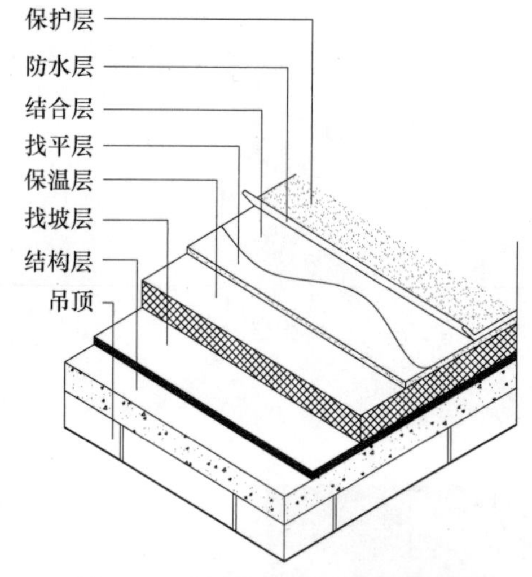

图 6-12　卷材防水屋面的基本构造

图 6-13　直接式顶棚

图 6-14　吊顶

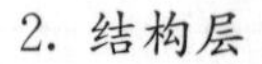

2. 结构层

(1) 平屋顶和坡屋顶：钢筋混凝土屋面板。

(2) 曲面屋顶：空间钢结构，如图 6-15 所示。

图 6-15　钢结构屋架

3. 找平层

找平层如图 6-16 所示。

图 6-16　找平层

4. 隔汽层

屋顶隔汽层的施工

隔汽层是隔绝建筑内部使用产生的水蒸气对保温层的影响而设置的构造层（SBC120），如图 6-17 所示。

图 6-17　隔汽层

5. 保温层

保温层起保温作用（100 厚苯板），如图 6-18 所示。

6. 找坡层（珍珠岩）

（1）材料找坡

又称垫置坡度，在结构层上铺设质轻价廉的材料形成坡度。这种找坡方式结构底面平整。在北方地区，常用保温材料做找坡层材料，即利用找坡层兼作保温层。

1）炉渣找坡，如图 6-19 所示。

2）珍珠岩找坡，如图 6-20 所示。

（2）结构找坡（屋顶结构层自身带排水坡度）

又称搁置坡度，是将屋面板搁置在顶部倾梁或倾墙上形成屋面排水坡度的方法。结构层不需要再做找坡，但这种做法使屋顶底面倾斜，如图 6-21 所示。

图 6-18　保温层

图 6-19　炉渣找坡

图 6-20　珍珠岩找坡

图 6-21　结构找坡

7. 找平层（20 厚 1：3 水泥砂浆）

防水层的找平层的主要使用材料为水泥砂浆，直接影响防水层施工质量，做不好会使防水层空鼓或被刺破。

屋顶找平层的施工

8. 结合层（冷底子油）

结合层使防水层与找平层（水泥砂浆层）结合得更为牢固，如图 6-22 所示。

9. 柔性防水（SBS、SBC120）

柔性防水是以卷材作为主要防水材料的一种防水方式。

10. 保护层

保护层是使保护卷材在施工或使用过程中不被人类破坏而设置的构造层，如图 6-23 所示。

(1) 不上人屋面（绿豆沙、铝箔层、彩砂）。

(2) 上人屋面（水泥砂浆、缸砖），如图 6-24 所示。

图 6-22　结合层（冷底子油）

图 6-23　保护层

图 6-24　缸砖保护层

二、卷材防水的种类

屋顶 SBC120 防水层的施工

1. 合成高分子防水卷材（SBC120）

粘贴方式为胶粘法。缺点是受气温的影响较大，气温低的环境下无法施工；优点是对基底是否干燥无要求，而且透气性比 SBS 防水要好，如图 6-25 所示。

图 6-25　SBC120 施工

图 6-25 SBC120 施工（续）

2. 高聚物改性沥青类卷材（SBS、APP）

粘贴方式为热熔粘贴法。基底必须干燥，受气温影响较小，如图 6-26 所示。

屋顶 SBS 防水层的施工

三、卷材防水屋面的节点构造

（1）泛水，高度≥250mm，如图 6-27 所示。

图 6-26　SBS 施工

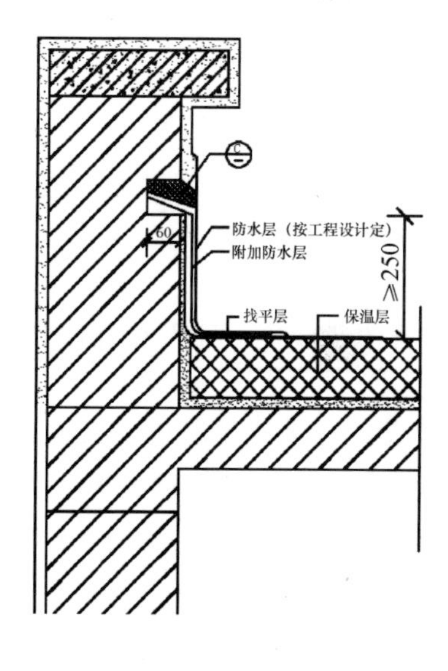

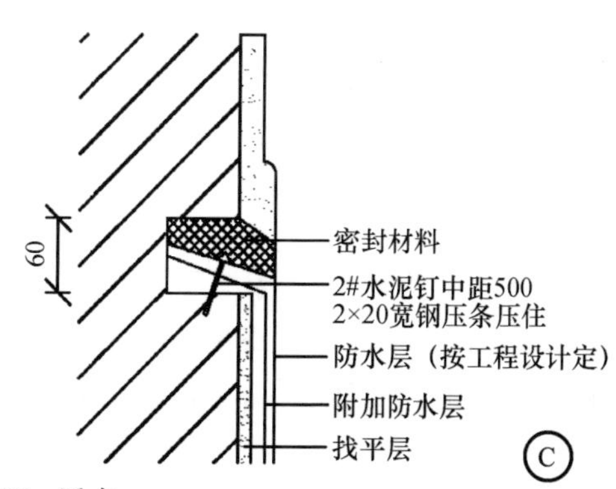

图 6-27　泛水

（2）檐口，如图 6-28 所示。

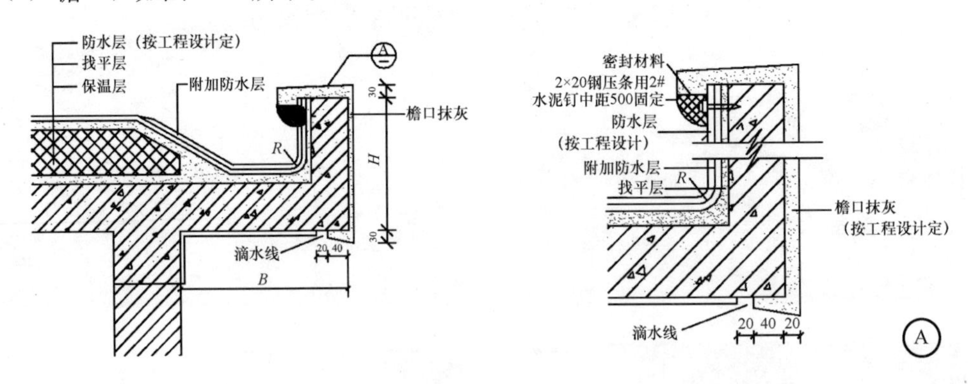

图 6-28　檐口

知识链接

防水卷材施工要点如下：

（1）防水层下的找平层必须满足平整度要求，否则极易造成空鼓。

（2）基层处理剂涂刷均匀，对屋面节点、周边、转角等用毛刷先行涂刷，基层处理剂、接缝胶粘剂、密封材料等应与铺贴的卷材材料相容。

（3）防水层施工前，应将卷材表面清刷干净；热铺贴卷材时，玛蹄脂应涂刷均匀、压实、挤密，确保卷材防水层与基层的粘结能力。

（4）胶粘卷材不应在雨天、大雾、雪天、大风天气和环境平均温度低于 5℃时施工，并应防止基层受潮。

（5）应根据建筑物的使用环境和气候条件选用合适的防水卷材和铺贴方法，上道工序施工完，应检查合格，方可进行下道工序。

（6）卷材大面积铺贴前，应先做好节点密封处理、附加层和屋面排水较集中部位细部构造处理、分格缝的空铺条处理等，应由屋面最低标高处向上施工；铺贴天沟、檐沟卷材时，宜顺天沟、檐沟方向铺贴，从水落口处向分水线方向铺贴，尽量减少搭接。

（7）上下层卷材铺贴方向应正确，不应相互垂直铺贴。

（8）相邻两幅卷材的接头应相互错开 300mm 以上。

（9）叠层铺贴时，上下层卷材间的搭接缝应错开；叠层铺设的各层卷材，在天沟与屋面的连接处应采取叉接法搭接，搭接缝应错开；接缝宜留在沟底，搭接无滑移、无挠边。

（10）高聚物改性沥青防水卷材和合成高分子防水卷材的搭接缝，宜用材料性能相容的密封材料封严。

（11）屋面各道防水层或隔气层施工时，伸出屋面各管道、井道及高出屋面的结构处，均应用柔性防水材料做泛水，高度不应小于 250mm。管道泛水不应小于 300mm，最后一道泛水应用卷材，并用管箍或压条将卷材上口压紧，再用密封材料封口。

第四节　平屋顶的刚性防水屋面

刚性防水屋面是用刚性防水材料，如防水砂浆、细石混凝土等做成的防水层。这种屋面防水构造简单、施工方便、造价低、刚度高，但对温度变化敏感，抵抗变形能力弱，所以必须要设置分隔缝，通常与柔性防水联合使用。

屋顶刚性防水层的施工

一、刚性防水屋面的基本构造

（1）柔性防水（SBS或SBC120）。

（2）保护层（1∶2～1∶3水泥砂浆）。

（3）刚性防水（40mm厚C20细石混凝土掺入5%防水剂，内配钢丝网），如图6-29所示。

图6-29　刚性防水

图 6-29　刚性防水（续）

二、刚性防水屋面的节点

（1）分格缝：为了避免刚性防水层因结构变形、温度变化和混凝土干缩等原因产生裂缝而设置的变形缝。

（2）泛水：屋面防水层与突出结构（女儿墙、烟囱等）之间的防水构造，如图 6-30 所示。

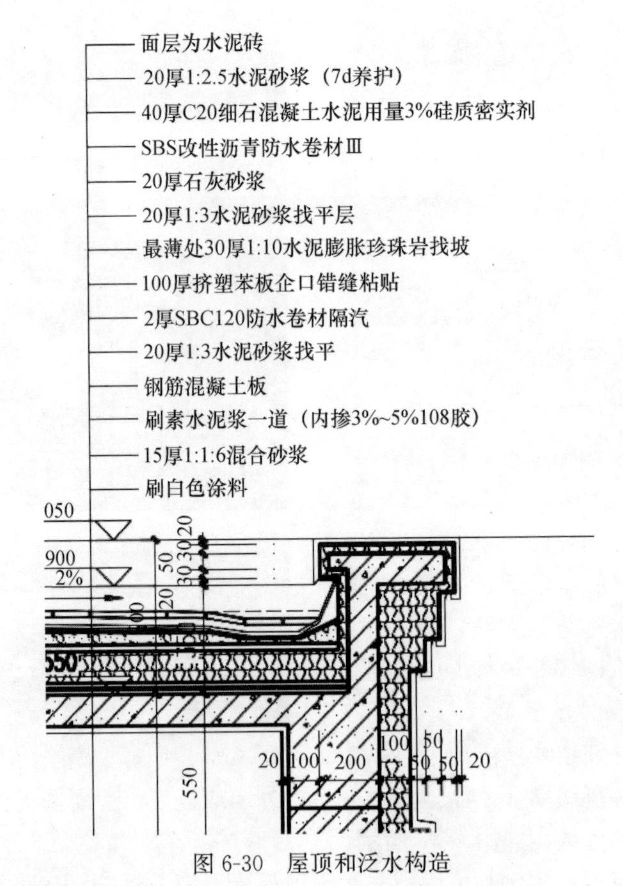

图 6-30　屋顶和泛水构造

知识链接

做刚性防水前必须给柔性防水做好保护层，否则工人在柔性防水上施工，对柔性防水造成破坏，会导致整个防水体系的失效，造成损失，如图 6-31 所示。

图 6-31　防水失败

第五节　坡屋顶的构造

一、坡屋顶的组成

（1）承重结构：坡屋顶承受全部荷载的骨架。

（2）屋面：坡屋顶的覆盖层，作为围护结构，直接承受风、雨、雪、太阳辐射的影响。

（3）顶棚：遮挡屋盖结构、美化室内环境、改善采光条件等。

二、坡屋顶的承重结构

坡屋顶的承重结构用来承受屋面传来的荷载，并把荷载传给墙或柱。其结构类型有横墙承重、屋架承重和木梁架承重。

1. 横墙承重

将横墙顶部按屋面坡度大小砌成三角形，在墙上直接搁置檩条或钢筋混凝土屋面板支承屋面传来的荷载，又称山墙承重或硬山搁檩，如图 6-32 所示。

特点：构造简单、施工方便、节约木材，有利于防火和隔声等，但房间开间尺寸受限制。适用于住宅、旅馆等开间较小的建筑。

2. 屋架（屋面梁）承重

屋架是由多个杆件组合而成的承重桁架，可用木材、钢材、钢筋混凝土制作，形状有三角形、梯形、拱形、折线形等。屋架支承在纵向外墙或柱上，上面搁置檩条或钢筋混凝土屋面板承受屋面传来的荷载，如图 6-33 所示。

屋架承重与横墙承重相比，可以省去承重的横墙，使房屋内部有较大的空间，增加了内部空间划分的灵活性。

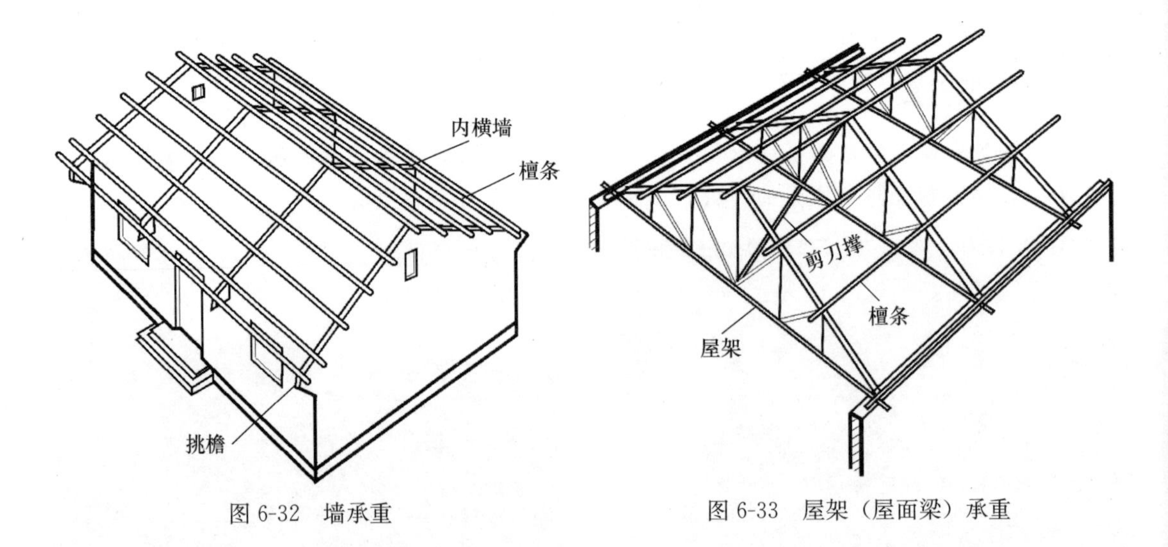

图 6-32 墙承重　　　　图 6-33 屋架（屋面梁）承重

3. 木梁架承重

木梁架结构是我国古代建筑的主要结构形式，它一般由立柱和横梁组成屋顶和墙身部分的承重骨架，檩条把一排排梁架联系起来形成整体骨架。

这种结构形式的内外墙填充在木构架之间，不承受荷载，仅起分隔和围护作用。构架交接点为榫齿结合，整体性及抗震性较好；但消耗木材量较多，耐火性和耐久性均较差，维修费用高。

三、坡屋顶的承重结构构件

坡屋顶的承重结构构件主要有屋架和檩条两种。

1. 屋架

屋架又称桁架，常用的形式为三角形，由上弦、下弦及腹杆组成，所用材料有木材、钢材及钢筋混凝土等。

木屋架一般用于跨度不超过 12m 的建筑；钢木组合屋架一般用于跨度不超过 18m 的建筑；当跨度更大时，需采用钢筋混凝土屋架或钢屋架。

2. 檩条

檩条材料的选用一般与屋架所用材料相同，可为木材、钢材及钢筋混凝土。

木檩条跨度一般在 4m 以内，钢筋混凝土檩条跨度可达 6m。檩条的间距根据屋面防水材料及基层构造处理而定，一般在 0.7～1.5m。

四、坡屋顶的屋面构造

坡屋顶屋面一般是利用各种瓦材，如平瓦、波形瓦、小青瓦等作为屋面防水材料，靠瓦与瓦之间的搭接盖缝来达到防水的目的。

1. 平瓦屋面

根据基层不同，平瓦屋面有冷摊瓦屋面、木望板平瓦屋面和钢筋混凝土板平瓦屋面三种做法。

（1）冷摊瓦屋面：是在檩条上钉固椽条，然后在椽条上钉挂瓦条并直接挂瓦。

（2）木望板平瓦屋面：是在檩条或椽木上钉木望板，木望板上干铺一层油毡，用顺水条固定后，再钉挂瓦条挂瓦所形成的屋面。

（3）钢筋混凝土板平瓦屋面（图 6-34、图 6-35）：是以钢筋混凝土板为屋面基层的平瓦屋面。钢筋混凝土板平瓦屋面的构造可分为以下两种：

① 将断面形状呈倒 T 形或 F 形的预制钢筋混凝土挂瓦板固定在横墙或屋架上，然后在挂瓦板的板肋上直接挂瓦。

② 采用钢筋混凝土屋面板作为屋顶的结构层，上面固定挂瓦条挂瓦，或用水泥砂浆、麦秸泥等固定平瓦。

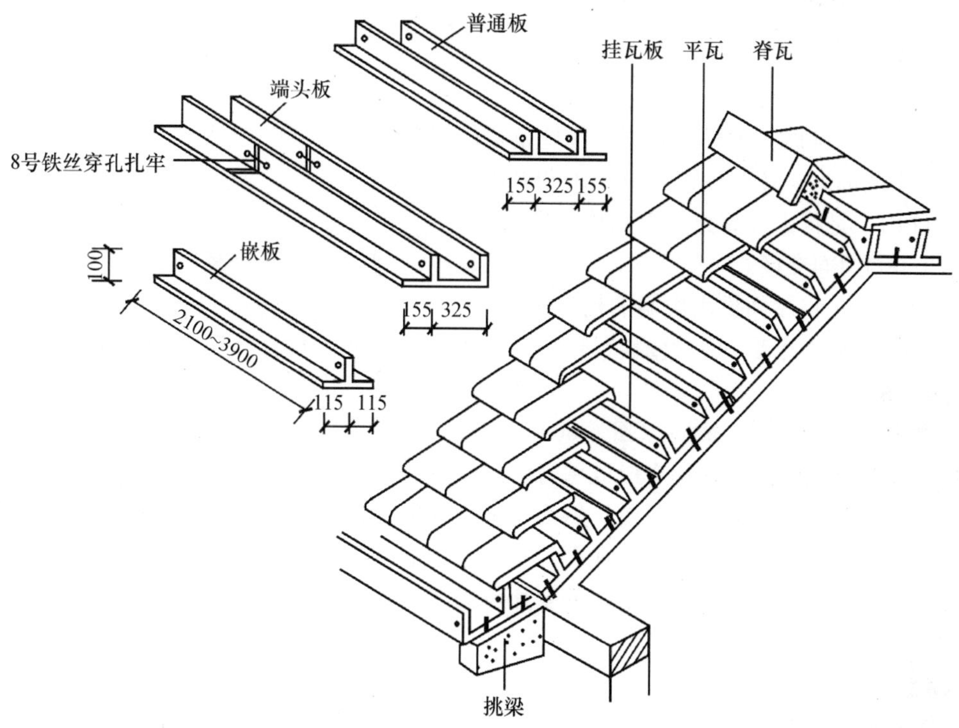

图 6-34　钢筋混凝土板平瓦屋面

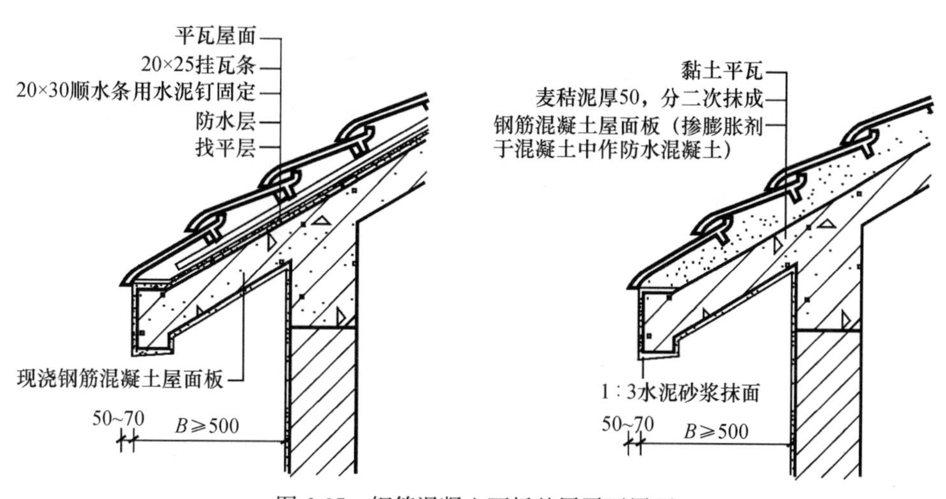

图 6-35　钢筋混凝土面板基层平瓦屋面

2. 波形瓦屋面

波形瓦可用石棉水泥、塑料、玻璃钢和金属等材料制成，其中以石棉水泥波形瓦最为常用。

(1) 石棉水泥瓦具有一定的刚度，每张瓦的尺寸较大，可直接铺钉在檩条上。一般用于无保温隔热要求的低标准建筑中。

(2) 塑料波形瓦和玻璃钢瓦具有质轻、强度高、透明的优点，可兼作屋顶采光用。

(3) 镀锌铁皮波形瓦具有轻质、高强、防震的优点。

五、坡屋顶屋面的细部构造

1. 檐口构造

(1) 纵墙檐口：可做成挑檐或封檐。

挑檐又有砖挑檐、挑檐木挑檐、挑檩挑檐、椽条挑檐。

(2) 山墙檐口：按屋顶形式有硬山和悬山两种做法。

① 硬山：是将山墙高出屋面的构造做法。

女儿墙与屋面交接处应做泛水，一般有砂浆抹灰泛水、小青瓦坐浆泛水、镀锌铁皮泛水。

② 悬山：是将屋面挑出山墙的构造做法。

常用檩条挑出山墙，用封檐板封住，沿山墙挑檐边的一行瓦，用水泥砂浆抹出坡水线，进行封固。

2. 屋脊、天沟和斜沟构造（图 6-36）

互为相反的坡面在高处相交形成屋脊，屋脊处应用 V 形脊瓦盖缝。

坡屋面两斜面相交形成斜天沟。斜天沟一般用镀锌铁皮制成，镀锌铁皮两边包钉在木条上；木条高度要使瓦片搁上后与其他瓦片平行，并起到防止溢水的作用。

用弧形瓦或缸瓦作斜天沟，搭接处要用麻刀灰卧牢。

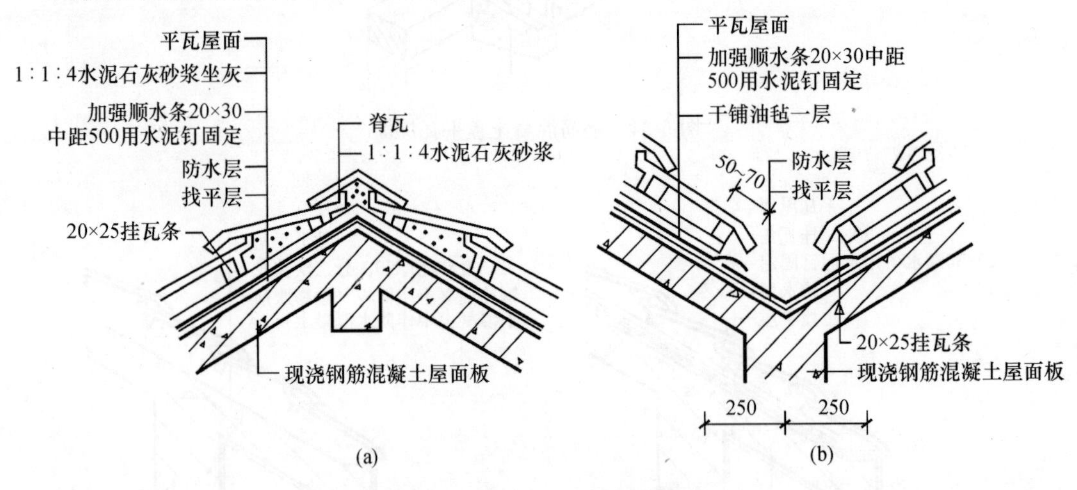

图 6-36 屋脊、天沟和斜沟构造

(a) 屋脊；(b) 天沟和斜沟

六、坡屋顶面层构造

1. 瓦屋面（图 6-37、图 6-38）

平瓦屋面施工工艺：铺基层（基层可用钢筋混凝土或木板基层）→木板基层系在檩条或

椽子上钉木质屋面板（望板）→望板（或混凝土现浇屋面板）上干铺油毡一层→在油毡上钉挂瓦条→铺挂平瓦→盖脊瓦→抹坡水线。

图 6-37　瓦屋面

2. 彩钢板屋面

用压型彩钢板作为屋面面层的一种屋面，如图 6-39 所示。

图 6-38　油毡瓦屋面

图 6-39　彩钢板屋面

第六节　出屋面管道

为排出建筑室内使用过程中或屋面保温层所产生的气体而设置的管道称为出屋面管道。出屋面管道有很多种，包括保温层排气管、卫生间排气管、厨房烟道排气管等。

一、保温层排气管

保温层排气管用于及时排出保温层中的潮气，有效防止屋面因水的冻胀、气体的压力导致屋面的开裂破坏，延长屋面的使用寿命，且施工方便，生产成本低。材质以 PVC 等最为常见，如图 6-40 所示。

图 6-40　保温层排气管

二、卫生间排气管

卫生间排气管是排出室内卫生间在使用过程中所产生的不洁空气而设置的管道，如图 6-41 所示。

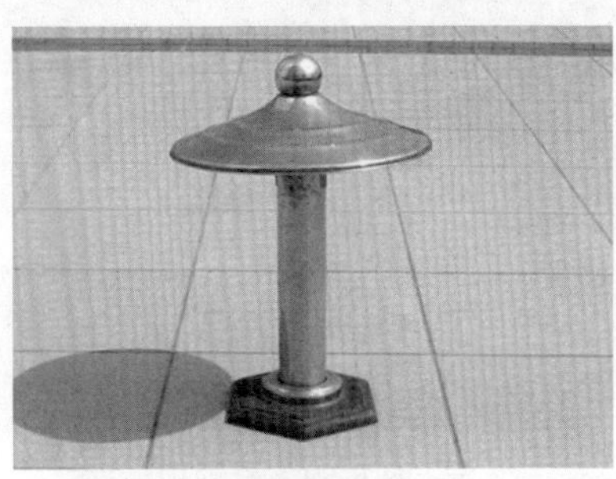

图 6-41　卫生间排气管

三、厨房烟道排气管

厨房烟道排气管是将做饭过程中的火焰和烟送到外部空间去的孔道，是否通畅对使用功能的影响非常大，如图 6-42 所示。

图 6-42 烟道排气管

知识链接

1. 烟道工艺流程

（1）在主体结构施工时，按照设计图纸的位置，预留出通风烟道的孔洞，孔洞的尺寸较构件外围尺寸要多留 50～80mm。预留孔洞内的钢筋应同时也预留下来。

（2）安装前，根据通风烟道尺寸，从顶层孔洞处吊垂线，以保证烟道安装时的垂直度。

（3）首层安装时，先用 1∶2 水泥砂浆找平地面。首节管座好浆后，在管内浇灌约 40cm 高的 C20 混凝土；待混凝土终凝后，才接着安装上部的通风烟道。

（4）先将连接件下口座浆于下层烟道隔板上口处，其四边也应座浆密封。通风烟道要做分层承托处理。施工做法：上下管道对正座浆后，上下层通风烟道的接口一般位于楼板处，故在管道根部预埋钢板处加焊Φ12 钢筋与孔洞预留钢筋焊接，支撑在楼板基层上。

(5) 通风烟道上下节结合面涂满聚合物水泥浆（108胶：水泥=6：1）；通风烟道与楼板间的接缝，应预先凿毛处理，清洗干净后支模，用C20细石微膨胀混凝土填实。

(6) 接缝处的混凝土面应比楼面低3cm左右。在填塞完混凝土后，在混凝土表面蓄水养护。

(7) 清理干净通风烟道脚部位置后，做两遍2mm厚851聚氨酯防水涂料20cm高；或在通风烟道脚四周捣制一道钢筋混凝土拦水基面1：2.5水泥砂浆批荡、压光，拦水基面批荡要在楼地面水泥砂饰面层前完成。而钢筋则需要在捣细石混凝土封口时预留。

(8) 在进行批荡或饰面前，应在通风烟道外围满挂网。

(9) 通风烟道在两层楼板间的接缝，应将上下两节通风烟道结合面涂满聚合物水泥浆，然后在接口处外露部分包镀锌钢丝网，并用Φ6钢筋将上下管道的预埋钢板焊接。

(10) 通风烟道安装至屋顶后应按设计要求安装不同系列产品所要求的防倒灌风帽。

2. 烟道注意事项

(1) 在安装前必须对通风烟道进行检查，并核对型号是否一致，层号是否满足；检查各层楼板的预留孔洞是否上下垂直对正，否则要处理到符合要求再进行安装。

(2) 通风烟道的安装应在主体结构和楼地面铺装、墙面天花粉刷之前进行。安装时应由下往上逐层安装，并注意不要将杂物掉进通风烟道内。

本章作业题

1. 屋顶由哪几部分组成？各组成部分的作用是什么？
2. 影响屋顶排水坡度的因素有哪些？
3. 如何形成屋顶的排水坡度？各有何特点？
4. 屋顶的排水方式有哪些？各自的适用范围是什么？
5. 图示SBS卷材防水屋面的构造。
6. 卷材防水屋面上人时如何做保护层？
7. 什么是泛水？并图示其构造。
8. 什么是刚性防水屋面？并图示其基本构造。
9. 坡屋顶的承重方式有哪几种？各有何特点？
10. 简述平屋顶保温层的设置方式及各自的特点。

本章思考题

1. 北方高层建筑多采用哪种防水方式？
2. 刚性防水与柔性防水各自有哪些特点？
3. 防水失败的主要原因有哪些？

第七章　门　　窗

序号	知识点	学习要求
1	门窗构造	了解门窗构造
2	门窗的安装方法	了解门窗的安装方法

第一节　概　　述

门窗是建筑中非常重要的组成部分，门窗质量的好坏对保证建筑能够正常、安全、舒适的使用起决定性作用，如图 7-1 所示。

窗户的安装

（1）作用：围护、采光、通风、眺望、隔声、交通、疏散、装饰。

（2）影响门窗尺寸及形式的因素：使用性质、结构类型、能耗要求。

（3）要求：具有足够的保温、隔声作用。

图 7-1　窗

第二节 门的分类与构造

一、门的分类

（一）按门在建筑物中所处的位置分类

（1）内门：位于内墙上，应满足分隔、隔声、隔视线、隔火等要求，如图 7-2 所示。

（2）外门：位于外墙上，应满足保温、防盗等要求，如图 7-3 所示。

图 7-2 内门

图 7-3 卷帘门

（二）按使用功能分类

（1）普通门：如图 7-4 所示。

（2）特殊门：具有特殊的功能，如保温门、防盗门、防射线门，如图 7-5、图 7-6 所示。

图 7-4 实木复合门

图 7-5 保温门

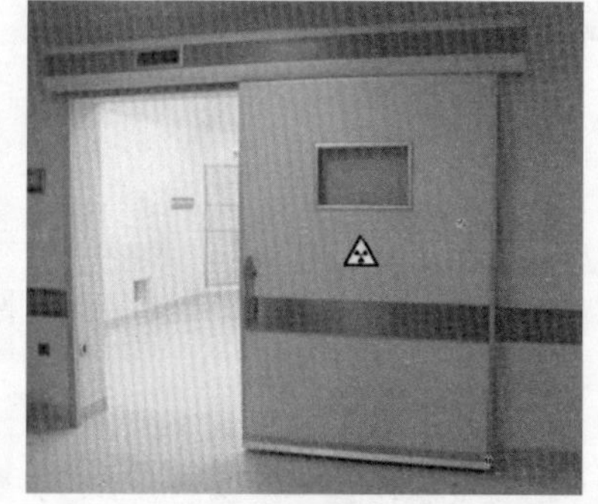

图 7-6 防射线门

（三）按门的材料分类

1. 木门

木门即木制门，广泛适用于民宅和商业建筑，如图 7-7 所示。

（1）实木复合门：实木复合门的门芯多以松木、杉木或进口填充材料等粘合而成。外贴密度板和实木木皮，经高温热压后制成，并用实木线条封边。一般高级的实木复合门，其门芯多为优质白松，表面则为实木单板。由于白松密度小，重量轻，且较容易控制含水率，因而成品门的重量都较轻，也不易变形、开裂。另外，实木复合门还具有保温、耐冲击、阻燃等特点，而且隔音效果同实木门基本相同。

（2）实木门：实木门是以取材自森林的天然原木做门芯，经过干燥处理，然后经下料、刨光、开榫、打眼、高速铣形等工序科学加工而成。

（3）全木门：全木门是以天然原木木材作为门芯，平衡层采用三合板替代密度板。工艺上既具备原木的天然特性与环保性，又解决了原木的不稳定性。造型上更加多样与细腻。

2. 铝合金门

铝合金门是将表面处理过的铝合金型材，经下料、打孔、铣槽、攻丝、制作等加工工艺面制作成的门框构件，再用连接件、密封材料和开闭五金配件一起组合装配而成，如图 7-8 所示。

图 7-7　实木复合门

图 7-8　铝合金门

（1）铝合金门的特点

1）质量轻，强度高。

2）具有良好的使用性能。铝合金门窗密封性能好，气密性、水密性、隔声性、隔热性、耐腐蚀性均比木门窗、普通钢门窗有显著提高。

3）美观大方，坚固耐用。

（2）铝合金门的安装

铝合金门框的安装多采用塞口做法。框装入洞口应横平竖直，外框与洞口应弹性连接牢固。

门框与墙体等的连接固定点，每边不得少于两点，且间距不得大于 700mm。

门框固定好后与门洞口四周的缝隙一般采用软质保温材料如泡沫塑料条、泡沫聚氨酯条、矿棉毡条或玻璃丝毡条等分层填实，外表留 5～8mm 深的槽口用密封膏密封。

3. 玻璃门

玻璃门分钢化玻璃和普通浮法玻璃。一般采用厚度为 12mm 规格的玻璃材质制作。采用钢化玻璃既坚固，又安全，且通透性好，如图 7-9 所示。

图 7-9　地弹簧玻璃钢门

(四) 按开启方式分类

1. 平开门

平开门即水平开启的门，分单扇门、双扇门、内开门和外开门。平开门的制作特点是构造简单，开启灵活，密封性好，使用最广泛。

2. 弹簧门

弹簧门制作简单、开启灵活，采用弹簧铰链或地弹簧构造，开启后能自动关闭，适用于人流活动较频繁或有自动关闭要求的场所。

3. 推拉门

推拉门的优点是制作简单、开启时占用空间小，但五金零件较为复杂，开关灵活性取决于五金件的质量和安装的好坏，适用于多种大小洞口的民用及工业建筑，如图 7-10 所示。

4. 折叠门

折叠门的优点是开启时占用空间小，但五金零件较为复杂，安装要求高，适用于各种大小洞口，如图 7-11 所示。

图 7-10　推拉门

图 7-11　折叠门

5. 转门

转门为三扇式四扇门连成风车形，在两个固定门套内旋转的门，对防止内外空气的对流有一定的作用，可作为公共建筑物及有空气调节房屋的外门，如图 7-12 所示。

图 7-12　转门

6. 卷帘门

卷帘门（卷闸门）是以多关节活动的门片串联在一起，在固定的滑道内，以门上方卷轴为中心转动上下的门。

二、门的尺度

确定门的尺寸应考虑人的通行要求、通风、采光及搬运设备及与建筑的比例关系等。单扇门宽为 700～1000mm（外门大，内门小，但都应尽量设大一点）；门洞高 2100～2400mm，设上亮子时，亮子高度一般为 300～900mm。

三、门的组成

以平开木门为例，门一般由门框、门扇、亮子、五金零件及附件组成。门框又称门樘，是门扇、亮子与墙体的联系构件。门扇一般由上冒头、中冒头、下冒头和边梃等组成。亮子又称腰头窗，在门上方，为辅助采光和通风之用。五金零件一般有铰链、插销、门锁、拉手、门碰头等，如图 7-13 所示。

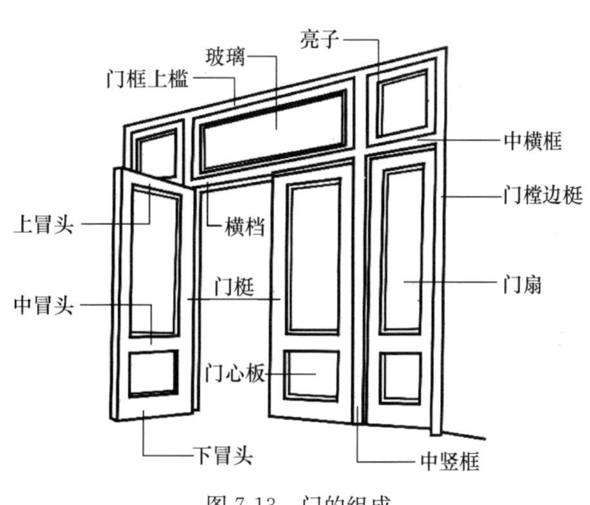

图 7-13　门的组成

四、门框的安装

门框的安装分立口和塞口两种。

（1）立口（又称站口），即先立门框

后砌墙。

(2) 塞口(又称塞樘子),是在砌墙时留出门洞口,待建筑主体工程结束后再安装门框。

门框与墙体之间的缝隙一般用面层砂浆直接填塞或用贴脸板封盖,寒冷地区的缝内应填毛毡、矿棉、沥青麻丝或聚乙烯泡沫塑料等。

知识链接

1. 实木复合门的特点

现代木门的饰面材料以木皮和贴纸较为常见。木皮木门富有天然质感,且美观、抗冲击力强,但价格相对较高;贴纸的木门也称“纹木门”,因价格低廉,是较为大众化的产品,缺点是较容易破损,且怕水。实木复合门具有手感光滑、色泽柔和、环保、坚固耐用等特点。

2. 木门风格分类

木门有欧式复古风格、简约现代风格、美式风格、地中海风格、中式风格、法式浪漫风格、意大利风格等。

3. 门洞口的尺寸

门洞口的尺寸应符合 GB/T 5824—2008《建筑门窗洞口尺寸系列》的规定。推荐优先选用 700mm × 2000mm、760mm × 2000mm、800mm × 2000mm、900mm × 2000mm、700mm×2100mm、760mm×2100mm、800mm×2100mm、900mm×2100mm、1200mm×2100mm 等 9 种尺寸。

4. 门扇的厚度

门扇的厚度分为 30、35、38、40、42、45、50mm。门框(套)厚度依墙厚相应确定。

5. 安装

安装前:

(1) 粉刷墙壁时,要使用无腐蚀、无融解的防水材料对木门进行遮掩,以免涂料附着在产品表面,产生剥离、褪色,影响整体美观。

(2) 木门安装前必须首先水平安置在地上(叠放高度不应超过 1m),切勿斜靠,避免变形。

(3) 尽量避免户外阳光长时间照射,防止木门受热。

(4) 放置在干燥室内,并保持室内空气流通,防止木门受潮。

(5) 防止木门受到不正常撞击或接触腐蚀性物质。

(6) 安装前,门洞必须经过必要的防潮、防腐处理。

安装后:

(1) 在正常情况下门扇要持闭合状态。

(2) 门体应避免阳光长时间直射或暴晒。

(3) 搬运东西时注意避免尖锐物体碰撞门体,以免划伤表面。

(4) 如果门体两侧环境的湿度和温度差异较大,门扇要保持开启状态,避免因两侧湿度和温度不均匀而引发门体变形。

(5) 木门在使用时,切忌在门扇上悬挂重物和蹬踩。

(6) 在开启门锁转动把手时,请不要用力过猛,以免因使用不当而减少锁具的使用寿命。

(7) 在使用过程中,如果合页、门锁等发生松动要立即拧紧。合页在开关时发出声响,要进行注油。

(8) 门扇上测水后，要立即用干布擦拭干净。

(9) 门面有污迹时，要用软布擦拭。使用专业木制品保养液，可延长木门的使用寿命。

第三节　窗的分类与构造

一、窗的分类

(一) 按材料分类

(1) 铝合金窗：铝合金窗分为普通铝合金门窗和断桥铝合金门窗。铝合金窗美观、密封性好、强度高，广泛应用于建筑工程领域，如图 7-14 所示。

(2) 钢窗：密封性差、保温性差，现在较少采用，如图 7-15 所示。

图 7-14　铝合金窗

图 7-15　钢窗

(3) 木窗：由木材作为窗框主要材料的窗户，如图 7-16 所示。

图 7-16　木窗

(4) 塑钢窗：塑钢门窗是以聚氯乙烯（Poly Vinyl Chloride，PVC）树脂为主要原料，加上一定比例的稳定剂、着色剂、填充剂、紫外线吸收剂等，经挤出成型材，然后通过切割、焊接或螺接的方式制成门窗框扇，配装上密封胶条、毛条、五金件等，同时为增强型材的刚性，超过一定长度的型材空腔内需要填加钢衬（加强筋），这样制成的门窗，称为塑钢门窗，如图 7-17 所示。

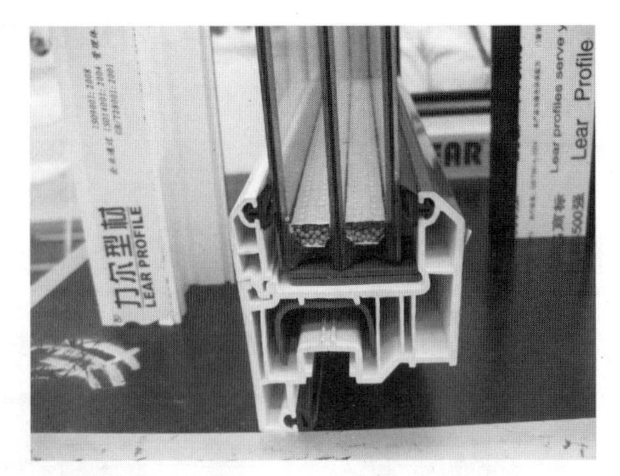

图 7-17　塑钢窗

（5）铝塑复合窗：铝塑复合门窗又称断桥铝门窗。断桥铝门窗采用隔热断桥铝型材和中空玻璃，外形美观，具有节能、隔音、防噪、防尘、防水功能。这类门窗的热传导系数 K 值为 $3W/m^2 \cdot K$ 以下，比普通门窗热量散失减少一半，降低取暖费用 30%左右，隔声量达 29dB 以上，水密性、气密性良好，如图 7-18 所示。

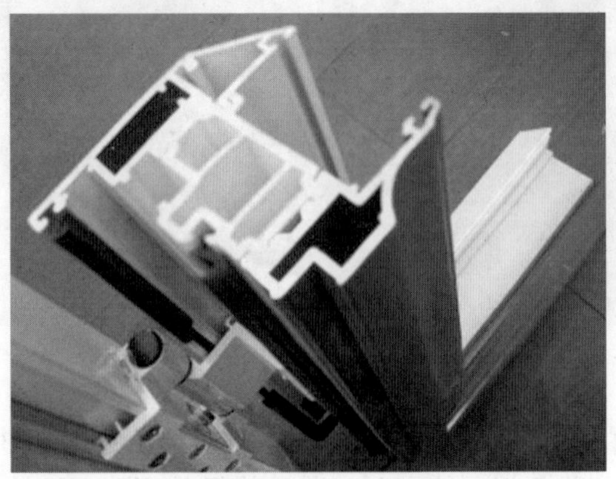

图 7-18　铝塑复合窗

（6）铝包木窗：铝包木门窗是在保留纯实木门窗特性和功能的前提下，将隔热断桥铝合金型材和实木通过机械方法复合而成的框体，两种材料通过高分子尼龙件连接，充分照顾了木材和金属收缩系数不同的属性，具有隔热保温、密封隔音、坚固耐用等性能，如图 7-19 所示。

（二）按层数分类

窗按层数分为单层、双层、三层。

（三）按窗扇开启方式分类

（1）固定窗：用密封胶把玻璃安装在窗框上，只用于采光而不开启通风的窗户，有良好的水密性和气密性，如图 7-20 所示。

图 7-19　铝包木窗

图 7-20　固定窗

（2）平开窗：密闭性好，最常用，如图 7-21 所示。优点是开启面积大，通风性能好，隔离、保温、密封性好。

（3）悬窗：沿水平轴开启的窗。根据铰链和转轴位置的不同，分为上悬窗、下悬窗、中悬窗，如图 7-22 所示。

图 7-21　平开窗

图 7-22　上悬窗

（4）推拉窗：分左右、上下推拉两种。推拉窗有不占据室内空间的优点，外观美丽、价格经济、密封性较好。采用高档滑轨，轻轻一推，开启灵活。配上大块的玻璃，既增加室内的采光，又改善建筑物的整体形貌。窗扇的受力状态好、不易损坏，但通气面积受一定限制，如图 7-23 所示。

（5）百叶窗：起源于中国，是一种原始窗。因其密封性差等原因，多为辅助窗，如图 7-24 所示。

图 7-23　推拉窗

图 7-24　百叶窗

二、窗在洞口中的位置

（1）窗框内平：窗框贴近内墙皮。

（2）窗框外平：窗框贴近外墙皮。

（3）窗框居中（常见）：窗框在内外墙皮中间。

三、窗框安装

（1）立口：砌砖与安装窗同步进行。

（2）塞口（常见）：在砌墙时留洞口，砌完墙后在洞口里安装窗。

四、窗的开启方向及特点

（1）外开窗：不占室内空间，但保洁麻烦。

（2）内开窗（常见）：占室内空间，但保洁方便。

五、窗的组成

窗主要由窗框、窗扇和建筑五金零件组成。

窗框又称窗樘，一般由上框、下框及边框组成，在有亮子窗或横向窗扇数较多时，应设置中横框和中竖框。窗扇由上冒头、窗芯、下冒头及边梃组成。建筑五金零件主要有铰链（合叶）、风钩、插销、拉手、导轨、转轴和滑轮等。

六、窗的尺度

窗的尺度主要指窗洞口的尺度。其洞口尺度又取决于房间的采光通风标准。通常用窗地面积比来确定房间的窗口面积，其数值在有关设计标准或规范中有具体规定，如教室、阅览室为 1/4～1/6，居室、办公室为 1/6～1/8 等。

窗洞口的高度与宽度尺寸通常采用扩大模数 3M 数列作为洞口的标志尺寸，一般洞口高度为 600～3600mm。

本章作业题

1. 门窗的开启方式有哪些？各自有何特点？
3. 简述门窗的构造组成。
4. 门窗框在墙洞中的位置有哪几种？
5. 铝合金门窗的特点是什么？
6. 塑钢门窗的特点是什么？
8. 金属门窗与洞口的连接方式有哪几种？

本章思考题

1. 实木复合门的市场价格是多少？知名品牌有哪些？
2. 实木门与原木门有什么区别？
3. 窗框漏风如何处理？

第八章　建筑制图的基本知识

【知识点及学习要求】

序号	知识点	学习要求
1	图纸的幅面规格及形式	了解图纸的幅面规格及形式
2	画线及其画法	掌握画线及其画法
3	图样的比例	了解图样的比例含义
4	尺寸标注	了解尺寸标注的注意事项
5	制图工具及其使用	掌握制图工具的使用方法

第一节　基本制图标准

图纸是表达建筑工程内容的重要载体，是确定建筑工程造价、施工、监理、竣工验收的主要依据。为使建筑从业人员能够互懂互通、交流技术思想，就必须制定统一的制图规则作为制图和识图的依据《房屋建筑制图统一标准》。例如图幅大小、画线画法、构件图例等。本节主要介绍其中的常用内容及基本规定。

一、图纸的幅面规格及形式

图纸的幅面规格共有五种，从大到小的幅面代号为A0、A1、A2、A3和A4。各种图幅的幅面尺寸和图框形式、图框尺寸都有明确规定，如表8-1所示。

表8-1　图幅及图框尺寸（mm）

幅面代号 尺寸代号	A0	A1	A2	A3	A4
$b\times l$	841×1189	594×841	420×594	297×420	210×297
c	10			5	
a	25				

图幅尺寸相当于$\sqrt{2}$系列，即$l=(\sqrt{2})b$，l为图纸的长边尺寸，b为短边尺寸。A0图幅的面积为$1m^2$，A1图幅为$0.5m^2$，是A0的对裁，其他图幅依此类推，如图8-1～图8-3所示。

把长边作为水平边使用的图幅称为横式图幅，短边作为水平边的称为立式图幅。A0～A3图幅通常横式使用，必要时立式使用，A4只立式使用。图纸在图框的右下角设置标题栏，签字区应包括实名列和签名列。签字区有设计核人、审批人等的签字，以便明确技术责任如图8-4所示。图号区有图纸类别、图纸编号、设计日期等内容。需要相关专业会签的图纸，还设有会签栏，如学校制图作业则不需要绘制会签栏，如图8-5所示。

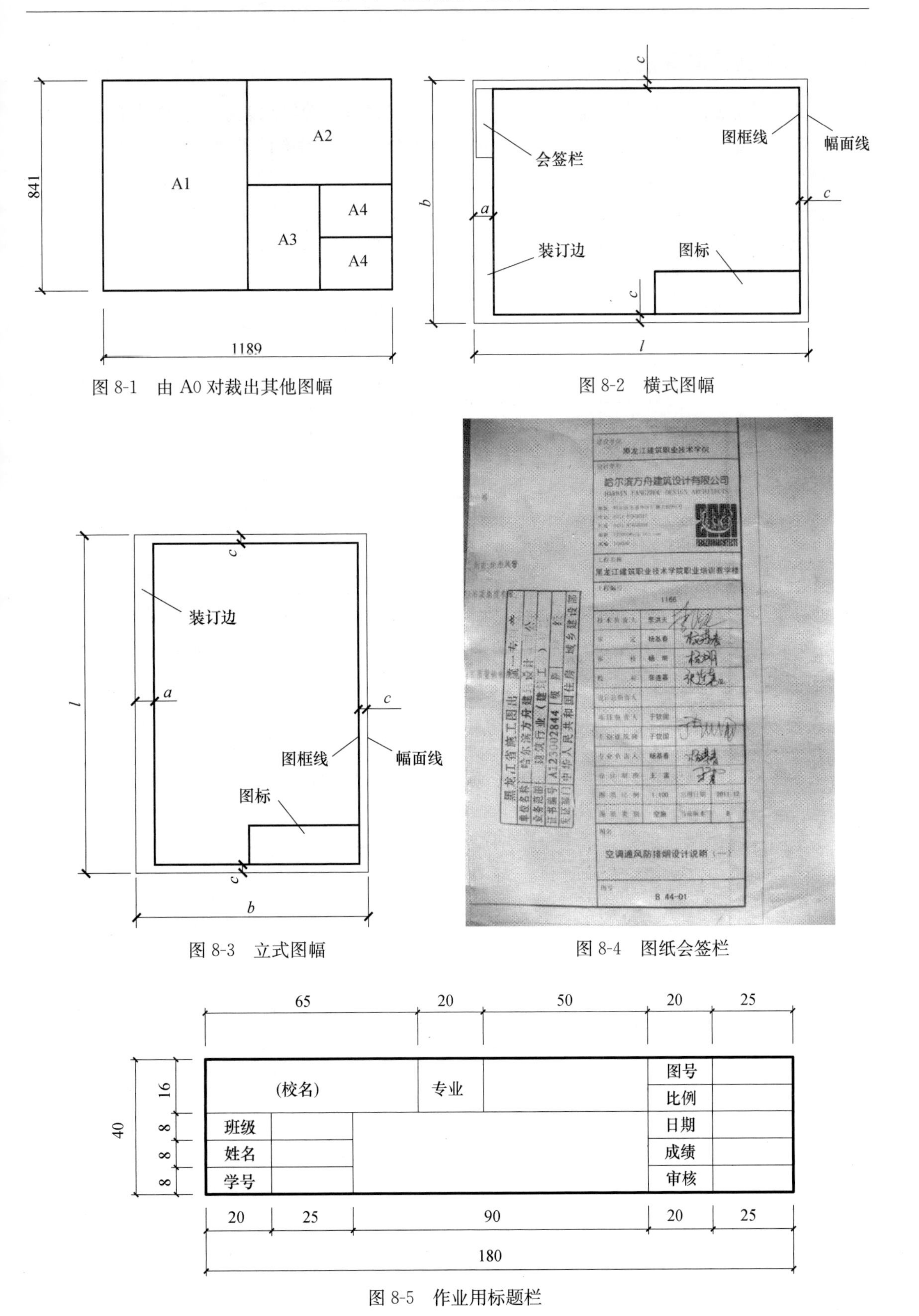

图 8-1　由 A0 对裁出其他图幅

图 8-2　横式图幅

图 8-3　立式图幅

图 8-4　图纸会签栏

图 8-5　作业用标题栏

二、画线及其画法

图纸所表达的各项内容，需要用不同线型、不同线宽的图线来表示，这样才能做到图样清晰、有层次感。例如建筑图墙体需要加粗；结构图主要结构构件需要加粗。为此，《房屋建筑制图统一标准》做了相应规定。

(一) 线型

图纸中的线型有实线、虚线、单点长画线等。其中有的线型还分粗、中、细三种线宽。常用线型的规定及一般用途如表 8-2 所示。

表 8-2　线型和线宽

名称	线型		线宽	一般用途
实线	粗	————————	b	主要可见轮廓线
	中	————————	$0.5b$	可见轮廓线
	细	————————	$0.25b$	可见轮廓线、图例线
虚线	粗	------------	b	见各有关专业制图标准
	中	------------	$0.5b$	不可见轮廓线
	细	------------	$0.25b$	不可见轮廓线、图例线
单点长画线	粗	—-—-—-—	b	见各有关专业制图标准
	中	—-—-—-—	$0.5b$	见各有关专业制图标准
	细	—-—-—-—	$0.25b$	中心线、对称线等

(二) 线宽

在《房屋建筑制图统一标准》中规定，图线的宽度 b，宜从下列线宽系列中选用：2.0、1.4、1.0、0.7、0.5、0.35mm。

每个图样应根据复杂程度与比例大小，先选定基本线宽 b，再选用表 8-3 中的相应线宽组。

表 8-3　线宽组

线宽比	线宽组					
b	2.0	1.4	1.0	0.7	0.5	0.35
$0.5b$	1.0	0.70	0.5	0.35	0.25	0.18
$0.25b$	0.5	0.35	0.25	0.18		

三、图样的比例

图形和实物相对应的线性尺寸之比对称为图样的比例。比例的大小是指比值的大小。如图样上某线段长为 1mm，实际物体对应部位的长也是 1mm 时，则比例为 1∶1；如图样上某线段长为 1mm，实际物体对应部位的长是 100mm 时，则比例为 1∶100（1 是图纸尺寸，100 是实物尺寸）。

比例中比值大于 1 的称为放大的比例，如 5∶1，机械常用；比值小于 1 的称为缩小的比例，如 1∶100，建筑常用。

建筑工程图常用缩小的比例。绘图所用的比例应根据图样的用途与被绘对象的复杂程度从表 8-4 中选用，并优先采用常用比例。

表 8-4　绘图所用的比例

常用比例	1∶1、1∶2、1∶5、1∶10、1∶20、1∶50、1∶100、1∶150、1∶200、1∶500、1∶1000、1∶2000、1∶5000、1∶10000、1∶20000、1∶50000、1∶100000、1∶2000
可用比例	1∶3、1∶4、1∶6、1∶15、1∶25、1∶30、1∶40、1∶60、1∶80、1∶250、1∶300、1∶400、1∶600

图 8-6 是同一扇门用不同比例画出的立面图。注意，无论用何种比例画出的同一扇门，所标的尺寸均为物体的实际尺寸，不是图形本身的尺寸。

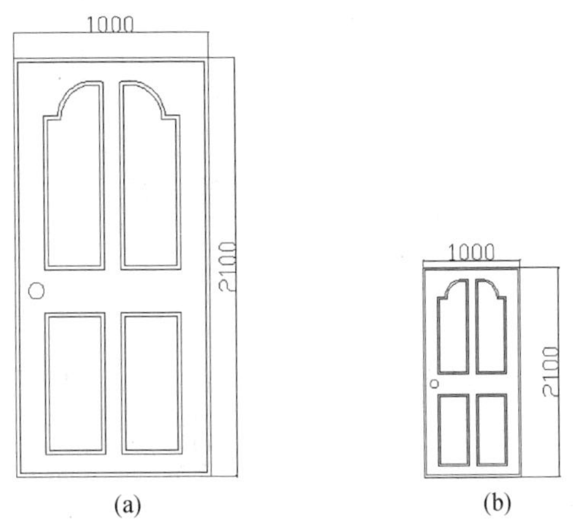

图 8-6　用不同比例绘制的门立面图

(a) 1∶50；(b) 1∶100

比例应以阿拉伯数字表示，如 1∶100、1∶5 等。比例宜注写在图名右侧，字的底线应取平，比例的字高应比图名字号小 1～2 号，如图 8-7 所示。

图 8-7　比例的注写

四、尺寸标注

图纸除了按一定比例绘制外，还必须注有详尽准确的尺寸才能全面表达设计意图，满足工程要求，才能准确无误地施工。所以，尺寸标注是一项重要的内容。

图样的尺寸由尺寸界线、尺寸线、尺寸数字、尺寸起止符号四部分组成，如图 8-8 所示。

在尺寸标注中，尺寸界线、尺寸线应用细实线绘制。线性尺寸界线一般应与尺寸线垂直，同时也应与被注长度垂直，其一端应离开图样不小于 2mm，另一端宜超出尺寸线 2～3mm，如图 8-9 所示。

尺寸线应用细实线绘制，应与被注长度垂直平行。注意，任何图线均不得用作尺寸线。

尺寸线与图样最外轮廓线的间距不宜小于 10mm，平行排列的尺寸线的间距宜为 7～10mm，并保持一致，如图 8-10 所示。

尺寸线起止符号一般用中粗斜短线绘制，其倾斜方向应与尺寸界线成顺时针 45°角，长度宜为 2～3mm。半径、直径、角度与弧长的尺寸起止符号，宜用长箭头表示。

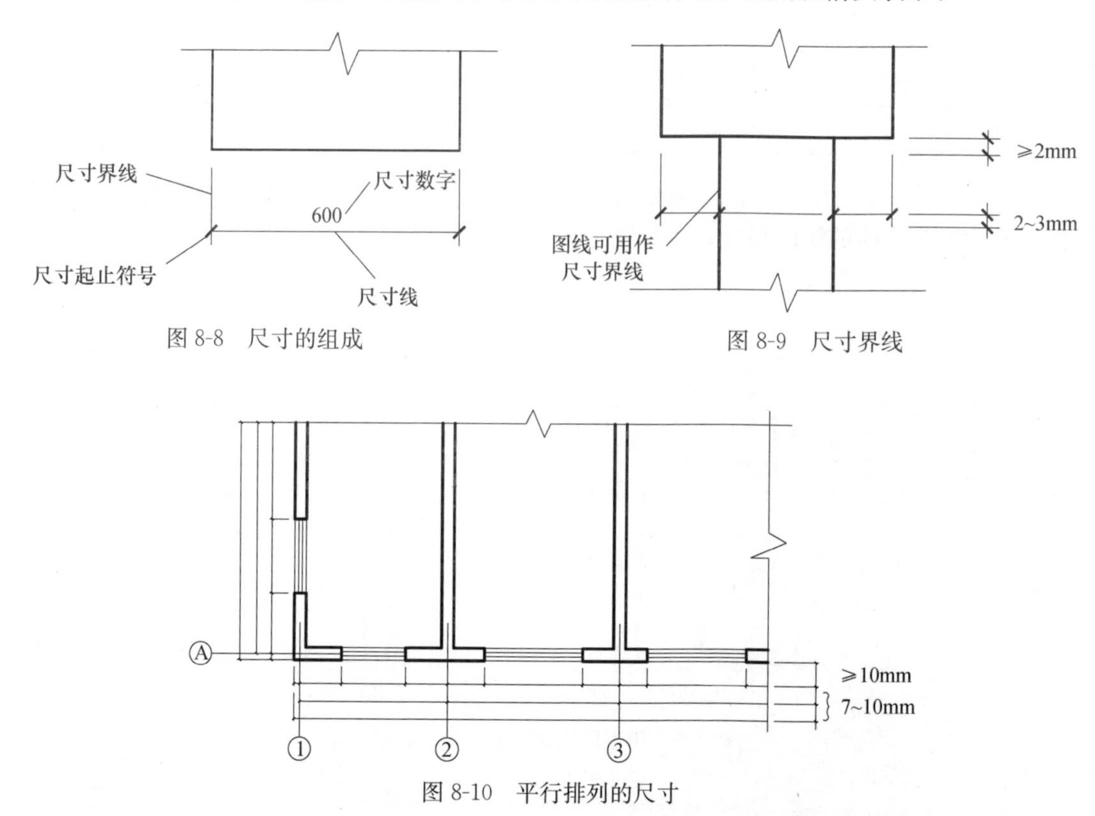

图 8-8　尺寸的组成

图 8-9　尺寸界线

图 8-10　平行排列的尺寸

第二节　制图工具及其使用

手绘图必须正确掌握制图工具的使用，并通过训练逐步熟练起来，这样才能保证绘图质量、提高绘图速度。

一、画板

画板是铺贴图纸及配合丁字尺、三角板等进行制图的平面工具。图板面要平整，相邻边要平直。学习时多用 1 号或 2 号图板，如图 8-11 所示。

图 8-11　图板

二、丁字尺

丁字尺用于画水平线，其尺头沿画板左边上下移动到所需画线的位置，然后左手紧压尺身，右手执笔自左向右画线，如图 8-12、图 8-13 所示。

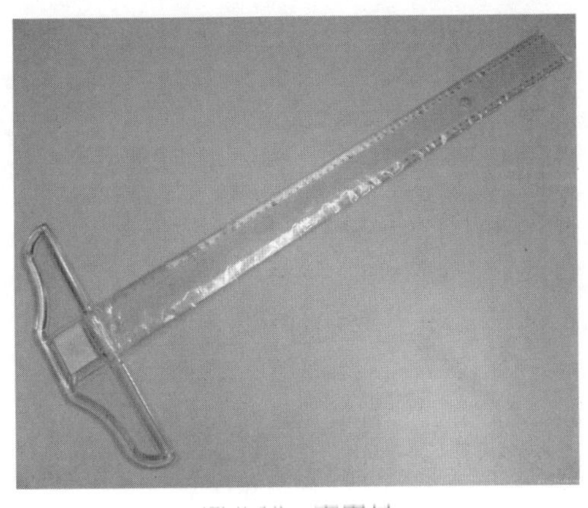

图 8-12　丁字尺

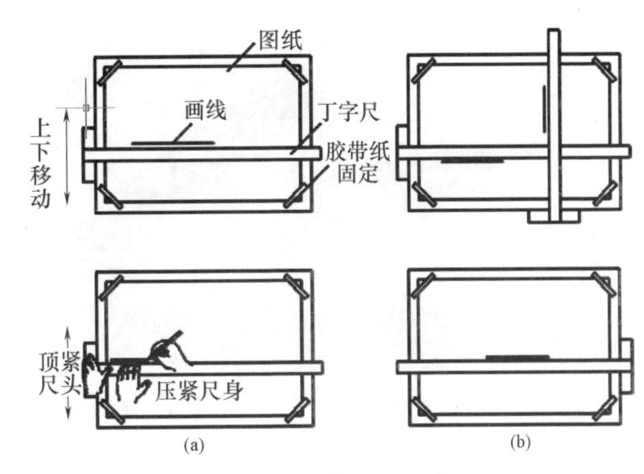

图 8-13　丁字尺的用法

(a) 正确；(b) 错误

三、三角板

三角板是配合丁字尺画竖线，但应自下而上地画，以使眼睛能够看到完整的画线过程，也可配合画与水平线成 30°、45°、75°及 15°的斜线，用两块三角板配合，也可画任意直线的平行线或垂直线，如图 8-14、图 8-15 所示。

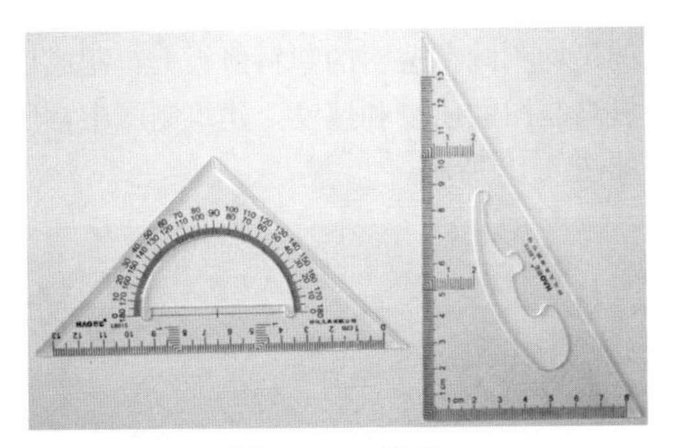

图 8-14　三角板

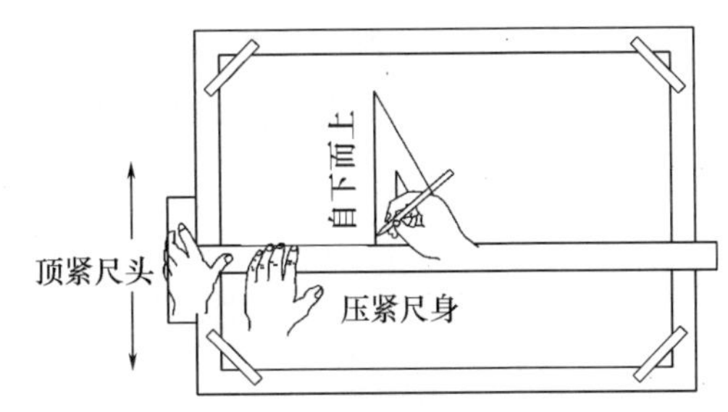

图 8-15　三角板的正确用法

四、绘图墨水笔

绘图墨水笔（简称针管笔）的笔头为一针管，针管有粗细不同的规格，内配相应的通针。使用方法为：画线使笔尖与纸面尽量保持垂直，如发现墨水不通畅，应上下抖动笔杆使通针将针管内的堵塞物捅出。针管的直径有 0.14～0.18mm 等多种，可根据图线的粗细选用。因其使用和携带方便，是目前常用的描图工具，如图 8-16 所示。

五、圆规和分规

圆规是画图的主要工具。定圆心的钢针应选用有抬肩一端的针尖在圆心处，以防圆心孔扩大，影响画圆的质量。圆规的另一条腿上有插接构造。画圆时钢针应长于铅笔尖。画圆和大圆时应从下方顺时针方向开始画，笔尖应垂直于纸面。分规与圆规相似，只是两腿均装了圆锥状的钢针，既可用于量取线段的长度，又可等分线段和圆弧（如楼梯踏步）。分规的两针合拢时应对齐，如图 8-17 所示。

图 8-16 绘图墨水笔

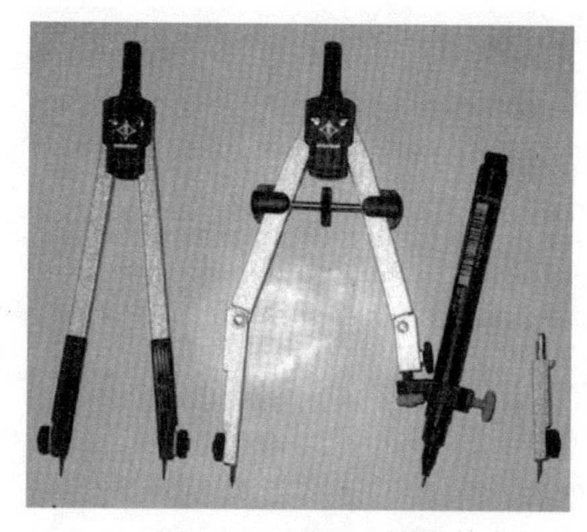

图 8-17 圆规和分规

六、比例尺

比例尺是直接用来放大或缩小图线长度的量度工具。目前多用三棱比例尺，尺面上有六种比例可供选用，如图 8-18 所示。

七、制图模版

把建筑工程专业图上的常用符号、图例和比例尺均刻画在透明的塑料薄板上，制成供专业人员使用的尺子就是制图模板。制图模板可以提高制图的质量和速度。建筑制图中常用的模板有建筑模板、结构模板、给水排水模板等，如图 8-19 所示。

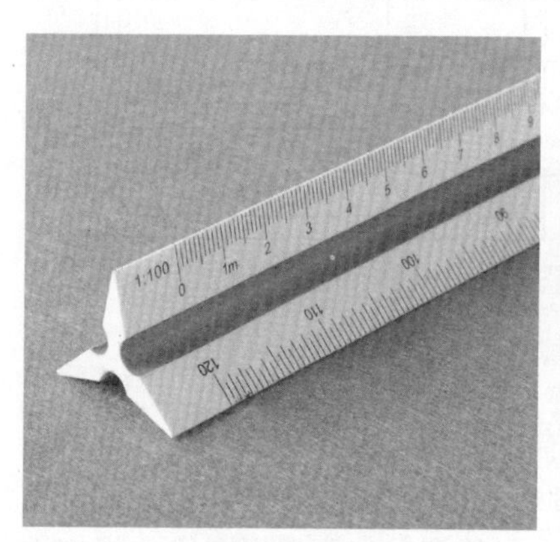

图 8-18 比例尺

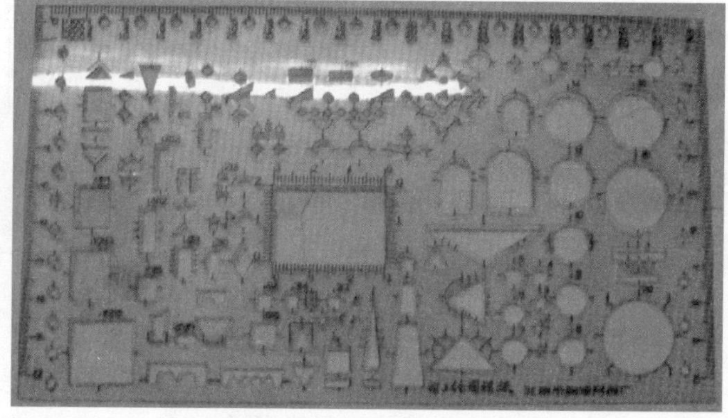

图 8-19 建筑模板

八、制图用品

常用的制图用品有图纸、铅笔、橡皮、擦图片、胶带纸、毛刷、砂纸等。

1. 图纸

图纸分为绘图纸和描图纸两种。绘图纸用于画铅笔或墨线图，要求纸面洁白、质地坚实，并以橡皮擦拭不起毛、画墨线不洇为好。描图纸也称硫酸纸，专门用于针管笔等描图使用，并以此复制蓝图。

2. 绘图铅笔

绘图铅笔有多种硬度：代号 H 表示硬芯铅笔，H～3H 常用于画稿线；代号 B 表示软芯铅笔，B～3B常用于加深图线的色泽；HB表示中等硬度铅笔，通常用于注写文字和加深图线等。铅笔笔芯可以削成楔形、尖锥形和圆锥形等。尖锥形铅芯用于画稿线、细线和注写文字等；楔形铅芯可削成不同的厚度，用于加深不同宽度的图线。铅笔应从没有标记的一端开始使用。画线时，握笔要自然，速度、用力要均匀。用圆锥形铅芯画较长的线段时，应边画边在手中缓慢地转动且始终与纸面保持一定的角度。

3. 擦图片与橡皮

擦图片是用于修改图样的，图片上有各种形状的孔，其形状如图8-20所示。使用时，应将擦图片盖在图面上，使画错的线在擦图片上适当的模孔内露出来，然后用橡皮擦拭，这样可以防止擦去近旁画好的图线，有助于提高绘图速度。

图8-20　擦图片

第三节　图样的绘制过程

一、绘制图稿

1. 绘底稿步骤

（1）明确图幅及图框，并用细线绘出。

（2）用细线绘出标题栏和会签栏等。

（3）用细线绘出形体的主要轮廓线和对称中心线等控制线。

（4）绘出细部。

2. 注意事项

为使图样画得准确、清晰，打底稿时应采用2H或3H的铅笔，同时注意不应过分用力，使图面不出现刻痕为好；画底稿也不需分出线形，待加深时再予以调整。

二、加深铅笔图

1. 加深步骤

（1）加深铅笔图线时宜按先细后粗、先曲后直、先水平后垂直的原则进行，由上至下、由左至右，按不同线型把图线全部加深。

（2）用规范字体注写尺寸和说明文字。

2. 注意事项

绘图时注意图面的整洁，减少尺子在图面上的挪动次数，不画时用干净纸张将图面蒙盖起来。图线在加深时不论粗细，色泽均应一致。较长的线在绘制时应适当转动铅笔以保证图线粗细均匀。

本章作业题

1. 建筑工程图的图纸幅面代号有哪些？图纸的长短边有怎样的比例关系？A2、A3的图幅尺寸是多少？

2. 图线有哪些线型？画各种线型的线段时有什么要求？互相交接有什么要求？
3. 什么是图样的比例？其大小指的是什么？
4. 尺寸标注是由哪些部分组成的？标注时应注意什么？
5. 尺寸标注中有哪些注意事项？尺寸能否从图样中量取？
6. 按 1∶1 的比例画图 8-21。

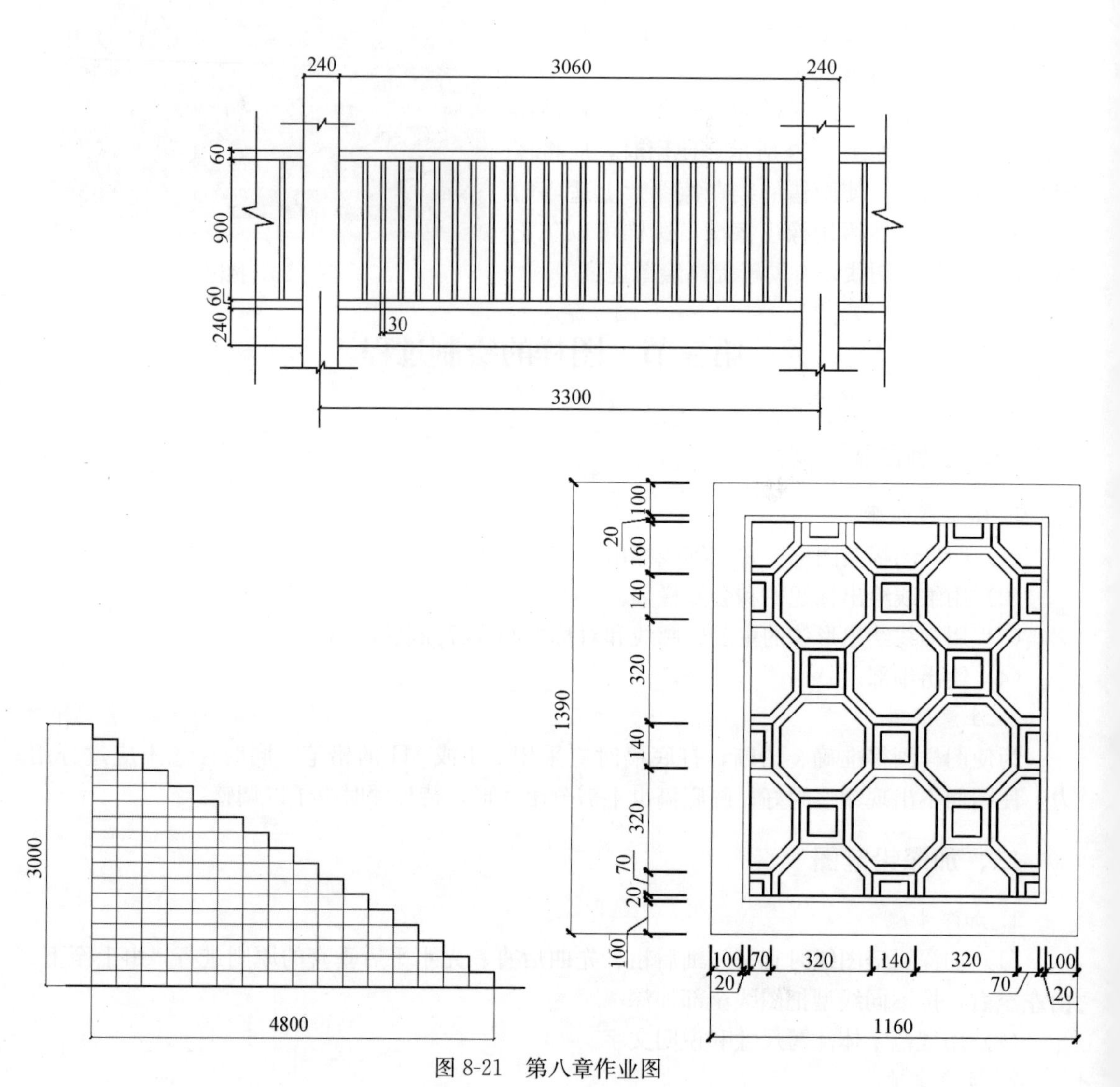

图 8-21　第八章作业图

第九章　投影的基本知识

建筑施工图都是用相应的投影方法绘制而成的投影图。工程中用得最多的是正投影图，而在表达建筑物及其构配件造型和效果时采用轴测图和透视图。本章主要介绍投影的概念和分类、三面正投影图及点、直线、平面的正投影规律等内容。

第一节　投影的基本概念及分类

在日常生活中，人们对“形影不离”这个自然现象习以为常，只要有物体、光线和承受落影面，就会在附近的墙面、地面上留下物体的影子，这就是自然界的投影现象。人们从这一现象中认识到光线、物体、影子之间的关系，归纳出表达物体形状、大小的投影原理和作图方法。

一、投影、投影法及投影图

在制图上，把发出光线的光源称为投影中心，光线称为投影线。光线的射向称为投影方向，将落影的平面称为投影面。构成影子的内外轮廓称为投影。用投影表达物体的形状和大小的方法称为投影法。用投影线画出的物体称为投影图。习惯上也将投影物体称为形体。制图上投影图的形成如图 9-1 所示。

二、投影的分类及概念

投影分中心投影和平行投影两大类。

1. 中心投影

中心投影是指由一点发出投影线所形成的投影，如图 9-2 所示。

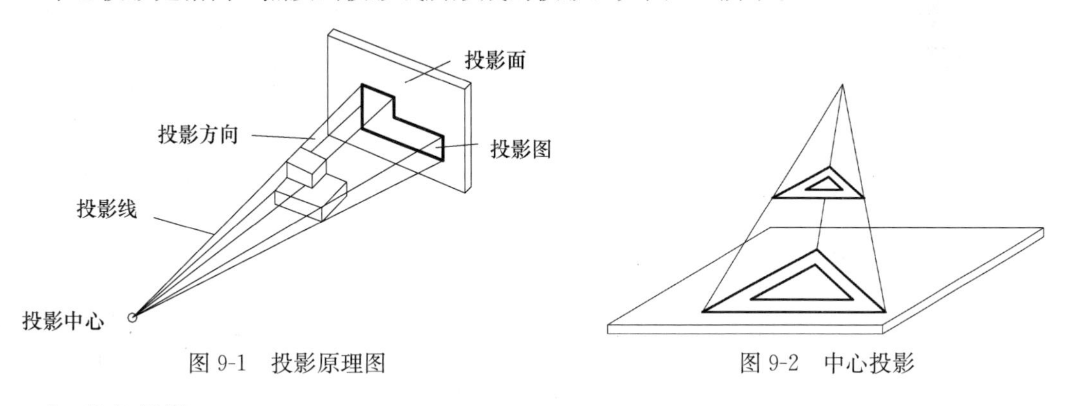

图 9-1　投影原理图

图 9-2　中心投影

2. 平行投影

平行投影是指投影线相互平行所形成的投影。根据投影线和投影面的夹角不同，平行投影又分为正投影和斜投影两种，如图 9-3 所示。

在正投影条件下，使物体的某个面平行于投影面，则该面的正投影反映其实际形状和大小，所以一般工程图样都选用正投影原理绘制，运用正投影法绘制的图形称为正投影图。

在投影图中，可见轮廓画成实线，不可见轮廓画成虚线，如图 9-4 所示。

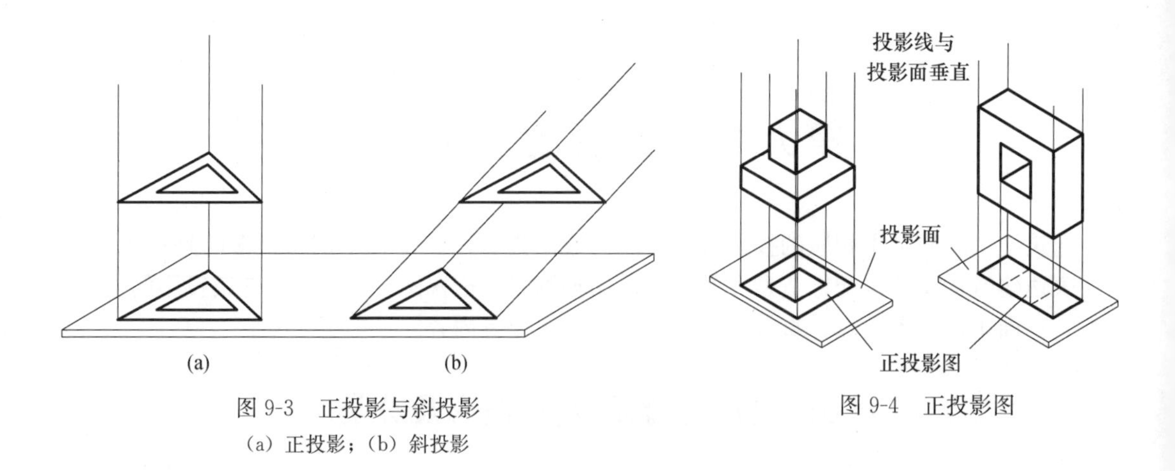

图 9-3 正投影与斜投影

（a）正投影；（b）斜投影

图 9-4 正投影图

三、工程中常用的投影图

为了清楚地表示不同的工程对象，满足工程建设的需要，在工程中人们利用上述投影方法，总结出三种常用投影图。

1. 透视投影图

运用中心投影的原理绘制的具有逼真立体感的单面投影图称为透视投影图，简称透视图。透视图真实、直观、有空间感，符合人的视觉习惯，但绘制较复杂。同时形体的尺寸不能在投影图中度量和标注，所以不能作为施工的依据，仅用于建筑及室内设计等方案的比较以及美术、广告等，如图 9-5（a）所示。

2. 轴测投影图

轴测投影图是运用平行投影的原理，只需在一个投影图上做出的具有较强立体感的单面投影图。它的特点是作图较透视图简便，相互平行的线可平行画出。但立体感稍差，通常作为辅助图样，如图 9-5（b）所示。

3. 正投影图

运用正投影法使形体在相互垂直的多个投影面上得到投影，然后按规则展开在一个平面上，便得到物体的多面正投影图。正投影图的特点是作图较以上各图简单，便于度量和标注尺寸，形体的平面平行于投影面时能够反映其实形，所以在工程上应用最多。但缺点是无立体感，需多个正投影图结合起来分析想象，才能得出立体形象，如图 9-5（c）所示。

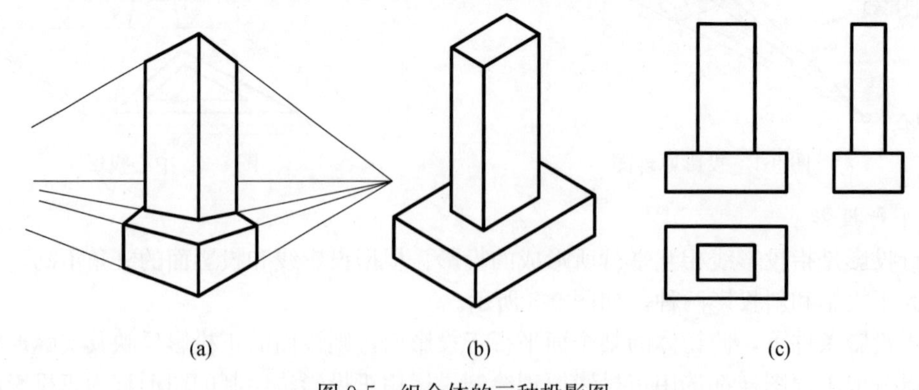

图 9-5 组合体的三种投影图

（a）透视投影图；（b）轴测投影图；（c）正投影图

第二节　正投影的基本特性

正投影具有作图简便、度量性好、能反映实体形状等优点，所以在工程中得到广泛的应用。经过归纳，正投影的基本特性有以下三点。

一、积聚性

当直线和平面垂直于投影面时，直线的投影变为一点，平面的投影变为一条直线，这种具有收缩、积聚特征的投影特性简称为积聚性，如图 9-6 所示。

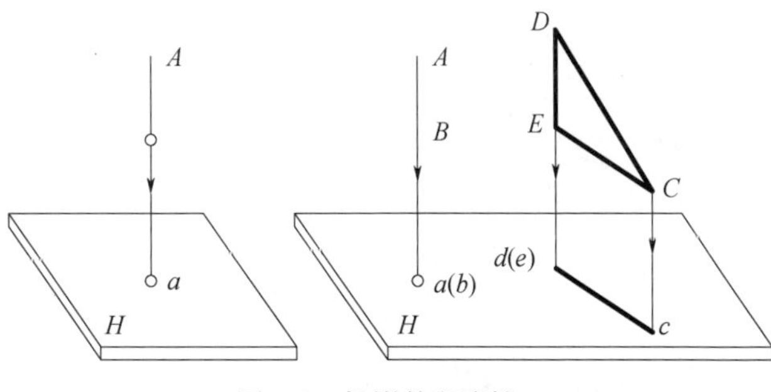

图 9-6　投影的积聚性

二、显示性

当直线和平面平行于投影面时，它们的投影分别反映实长和实形。在正投影中具有反映实长和实形的投影特性，称为显示性，如图 9-7（a）所示。

三、类似性

当直线和平面既不垂直也不平行于投影面时，直线的投影比实长短，平面的投影比实形面积小，但仍反映出直线、平面的类似形状。在正投影中几何元素所具有的此类投影特性，称为类似性，如图 9-7（b）所示。

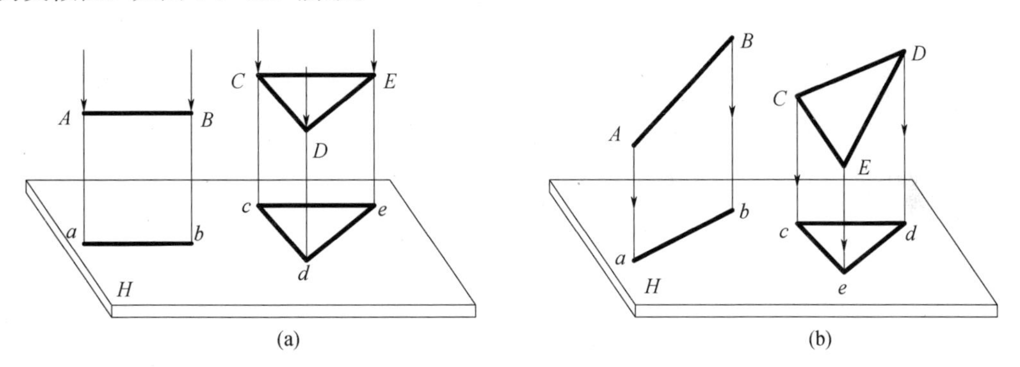

图 9-7　投影的显示性和类似性

（a）投影的显示性；（b）投影的类似性

第三节　三面正投影图

为了反映形体的形状、大小和空间位置情况，通常需用三个互相垂直的投影图来反映其投影。

一、三面投影体系

1. 投影面

如图 9-8 所示的是由 H、V、W 平面所组成的三面投影体系。图中代号 H 为水平投影面（简称 H 面）；代号 V 为正立投影面（简称 V 面）；代号 W 为侧立投影面（简称 W 面）。

2. 三面正投影的形成

应用正投影法，形体在该体系中就会得到三个不同方向的正投影图：从上到下得到反映顶面状况的 H 面投影；从前向后得到反映前面（也称正面）状况的 V 面投影；从左向右得到反映左侧面状况的 W 面投影，如图 9-9 所示。

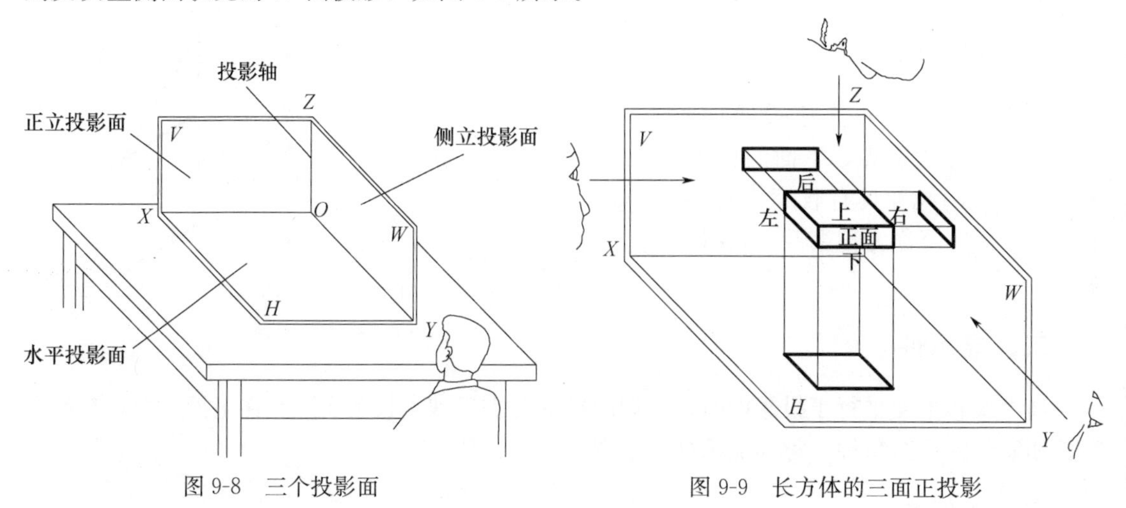

图 9-8　三个投影面　　　　图 9-9　长方体的三面正投影

3. 投影轴

三面投影体系中，两个投影面之间的交线称为投影轴。投影面两两相交分别得到 X、Y、Z 轴，三轴相交于 O 点，称为投影原点。此时，若将投影轴当作数学上的空间坐标轴，就可以确定形体的位置和大小。

4. 投影体系中形体长宽高的确定

空间的形体都有长宽高三个方向的尺度。为使绘制和识读方便，有必要对形体的长宽高做统一的约定：首先确定形体的正面（通常选择形体有特征的一面作为正面），此时形体左右两侧面之间的距离称为长度，前后两面之间的距离称为宽度，上下两面之间的距离称为高度，如图 9-10 所示。

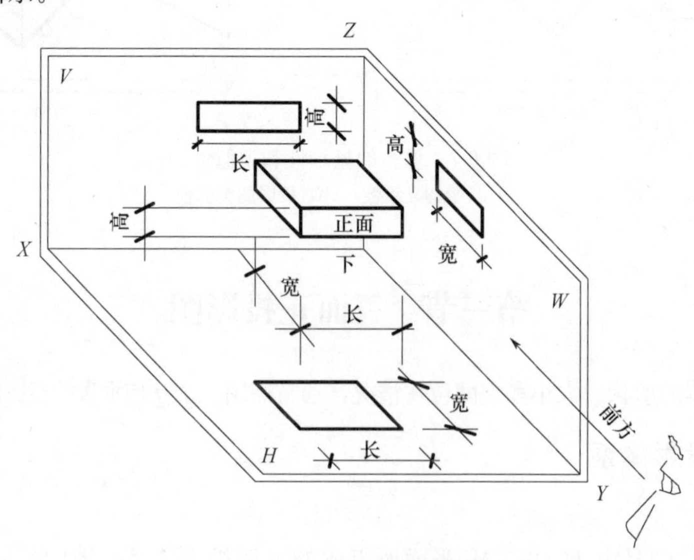

图 9-10　投影轴及长宽高在投影体系中的约定

二、三面投影体系的展开

要得到所需的投影图，还应将图 9-10 中的形体移去并将三面投影体系按图 9-11 的方法展开，即：V 面不动，H、W 面沿 Y 轴分开，各向下和向后旋转 90°，与 V 面共面，此时就得到三面投影图了，如图 9-12 所示。为简明起见，可归纳为“长对正，高平齐，宽相等”。这九个字是绘制和识读投影图的重要规律。

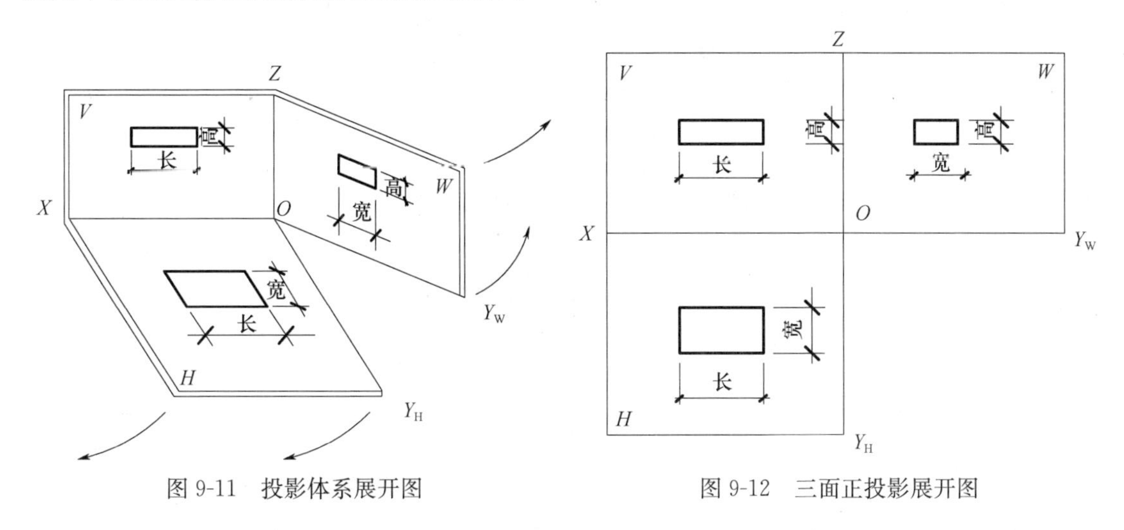

图 9-11　投影体系展开图　　　　图 9-12　三面正投影展开图

为了准确表达形体水平投影和侧立投影之间的投影关系，在作图时可以用过原点 O 做 45°斜线的方法求得，该线称为投影传递线，用细线画出，两图之间的细线称为投影连系线，如图 9-13、图 9-14 所示。

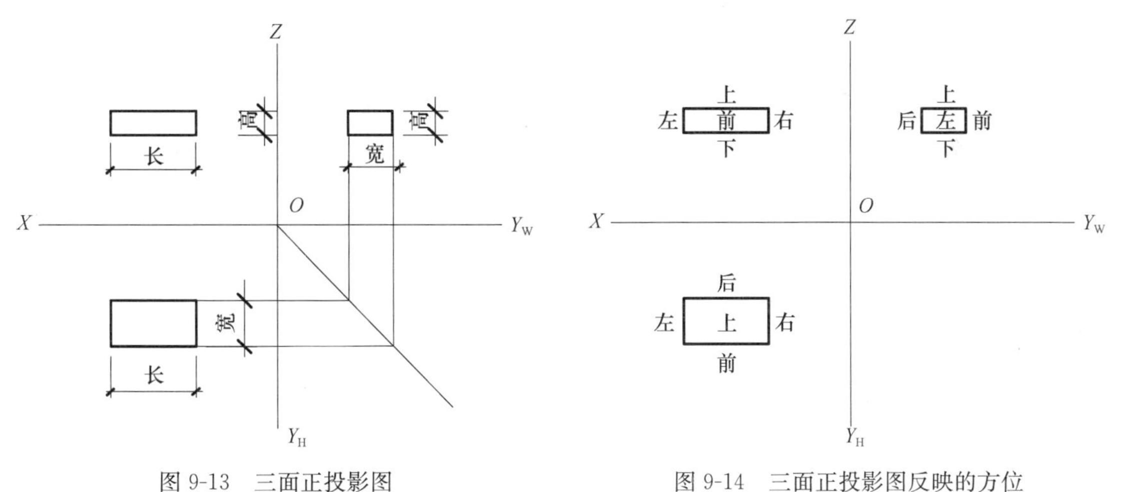

图 9-13　三面正投影图　　　　图 9-14　三面正投影图反映的方位

三、基本投影

对于一般形体，用三面投影图已能够确定其形状和大小了，所以 H、V、W 三个投影面称为基本投影面，其投影称为基本投影。

如果采用单面投影或双面投影，有的形体的空间形状就不能唯一确定。如图 9-15 所示的单面投影，一组 H、V 投影至少能得出两种答案，但同样的形体如采用图 9-16 的三面投影图时，答案就是唯一的。很显然，一图多解的图样是不能用于施工制作的。

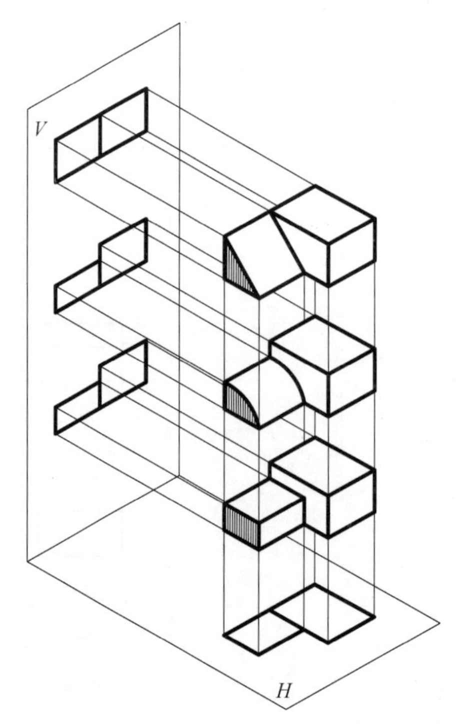

图 9-15　两面投影的不确定性

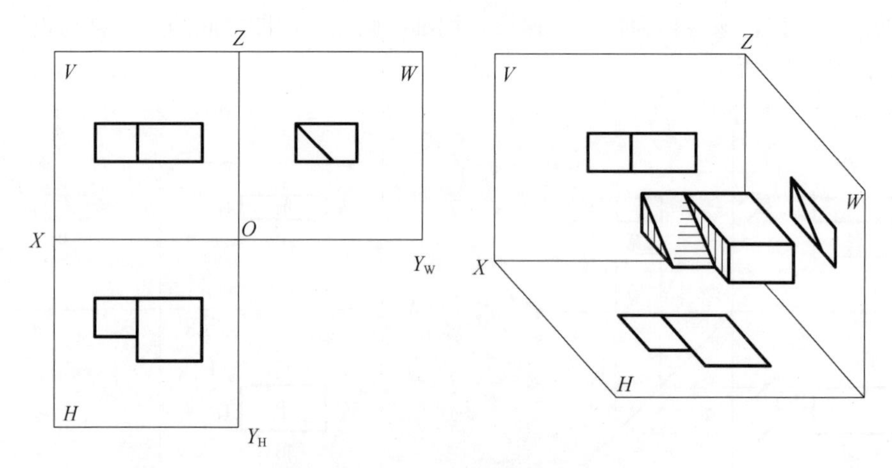

图 9-16　三面正投影的确定性

由上述可知，三面投影图的识读与绘制有助于空间想像力的培养，同时三面投影图通常能准确反映形体的形状和大小。所以，三面投影图是本章学习的重点。

四、三面投影图的画法

要做形体的三面投影，必须使形体在投影体系中位置平稳，然后选定形体的正面，再开始画图。画图时一般先画最能反映形体特征的投影，然后根据长对正、高平齐、宽相等的投影关系，完成其他投影，如图 9-17 所示。

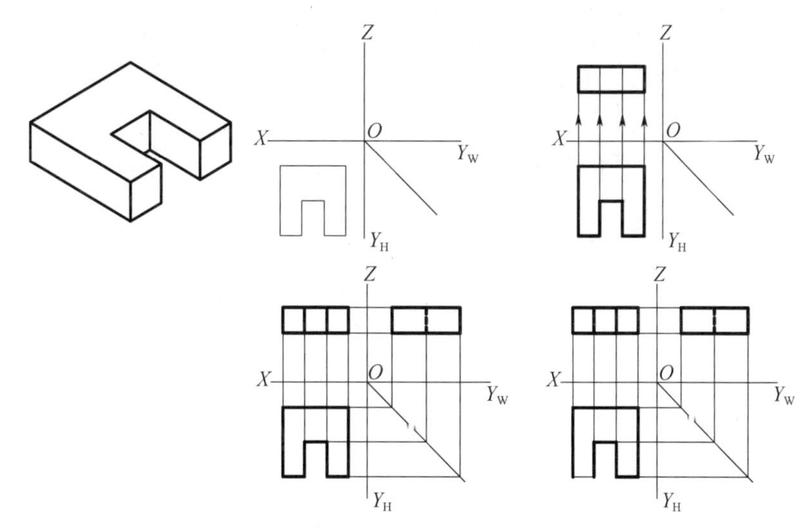

图 9-17　三面正投影的画法和步骤

第四节　点的正投影规律

任何复杂的形体都可看作是由许多简单几何体组成的。几何体又可看作是由平面或曲面、直线或曲线以及点等几何元素组成的。因此，研究正投影规律应从简单的几何元素即点、直线、平面开始。

一、点的三面正投影

点在空间的位置分为四种，即点悬空、点在面上、点在轴上、点在原点，如图 9-18～图 9-20 所示。

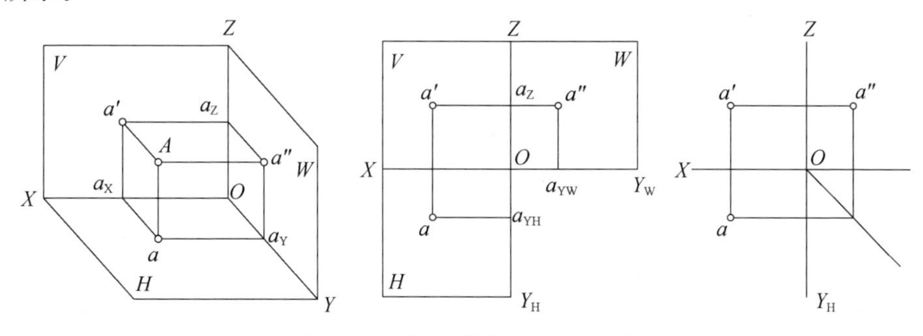

图 9-18　空间任意点的三面正投影

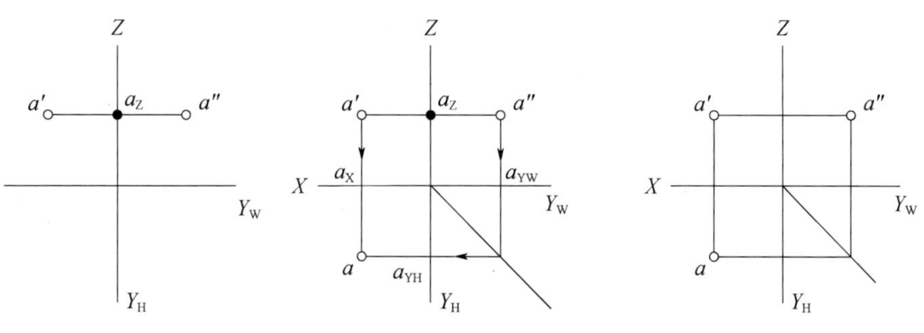

图 9-19　轴上点的三面正投影

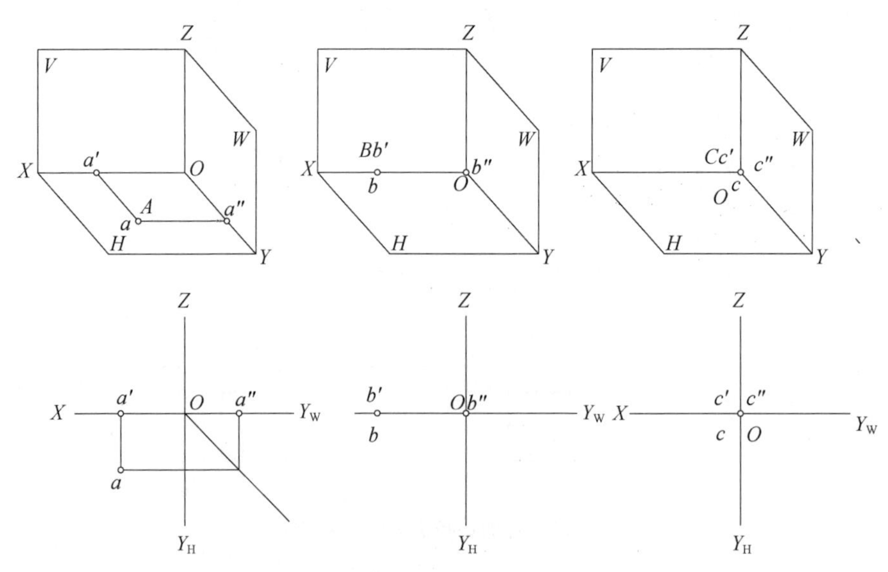

图 9-20　面上点的三面正投影

二、两点的相对位置及重影

(1) A 点在 B 点的右上后方，如图 9-21 所示。

(2) A 点在 B 点的正上方，如图 9-22 所示。

(3) C 点在 D 点的正前方，E 在 F 点的正左方，如图 9-23 所示。

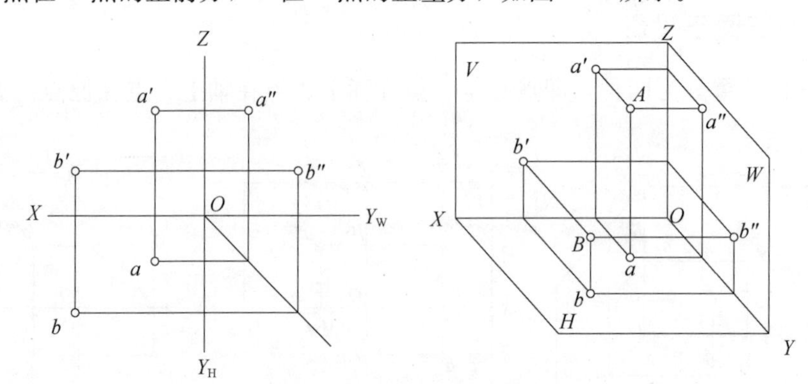

图 9-21　两点的位置关系（一）

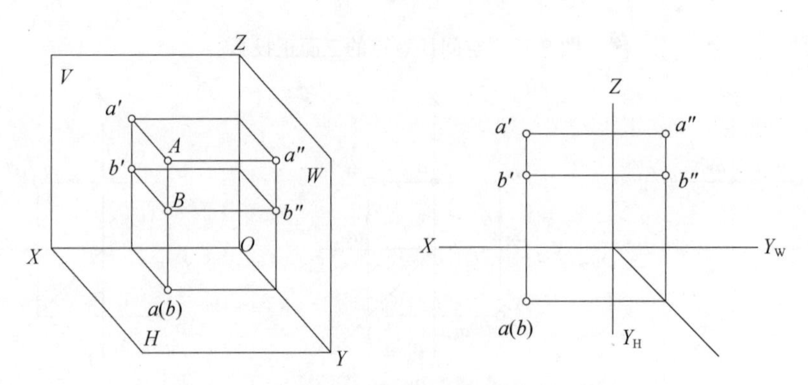

图 9-22　两点的位置关系（二）

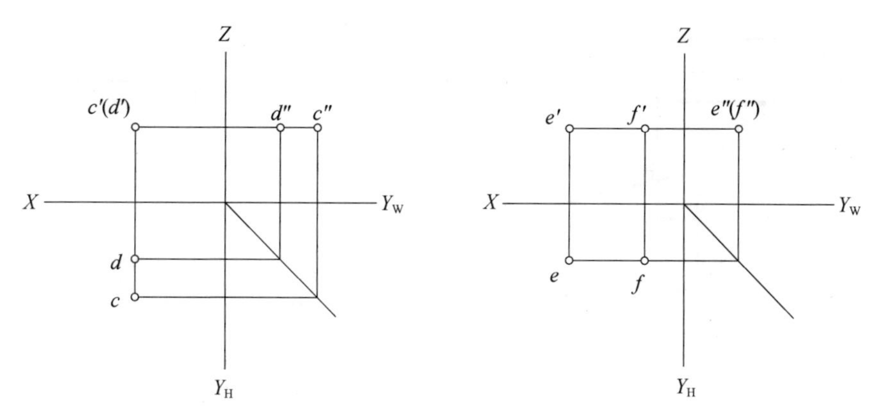

图 9-23　两点的位置关系（三）

第五节　直线的正投影规律

直线是点沿着某一方向运动的轨迹。已知直线的两个端点的投影，连接两端点的投影即得直线的投影。直线与投影面之间按相对位置的不同可分为：一般位置直线、投影面平行线和投影面垂直线三种，后两种直线称为特殊位置直线。

一、一般位置直线

一般位置直线的三面正投影如图 9-24 所示。

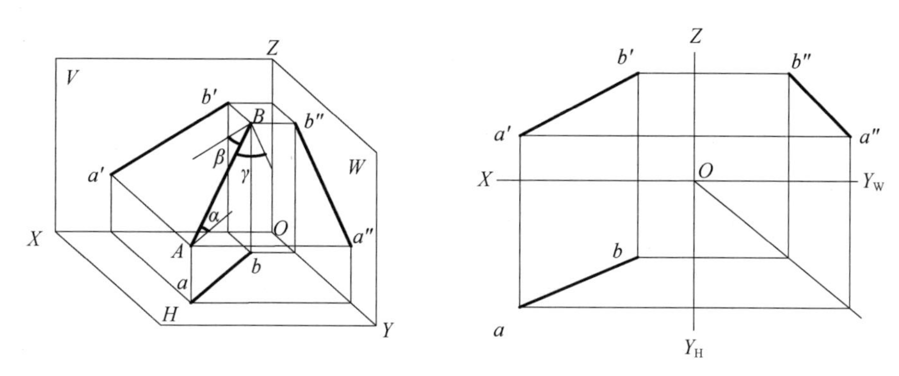

图 9-24　一般位置直线的三面正投影

二、投影面平行线

只平行于一个投影面，倾斜于其他两个投影面的直线，称为某投影面的平行线。它有三种状况：水平线、正平线和侧平线。

（1）水平线：与 H 面平行且与 V、W 倾斜的直线，如图 9-25 中的 AB 直线。

（2）正平线：与 V 面平行且与 H、W 倾斜的直线，如图 9-26 中的 CD 直线。

（3）侧平线：与 W 面平行且与 H、V 倾斜的直线，如图 9-27 中的 EF 直线。

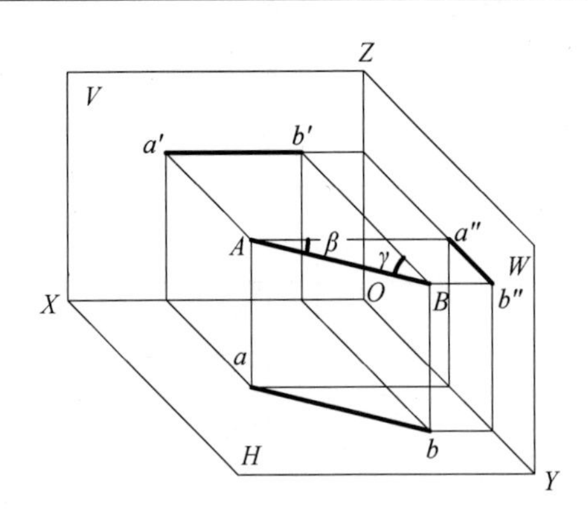

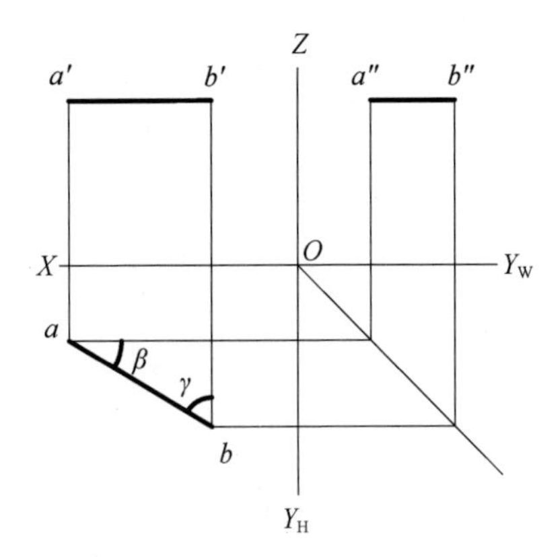

图 9-25　水平线

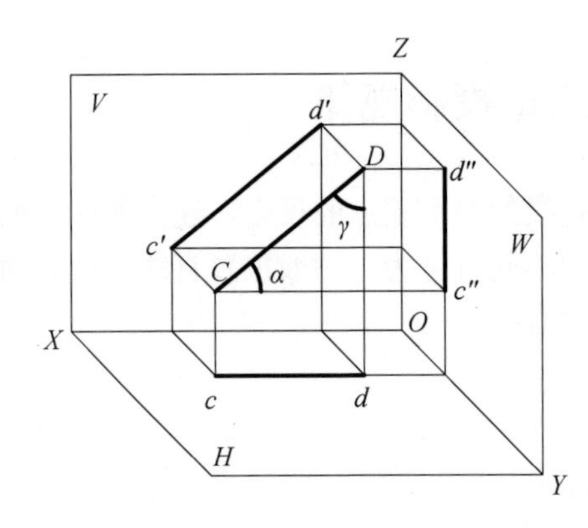

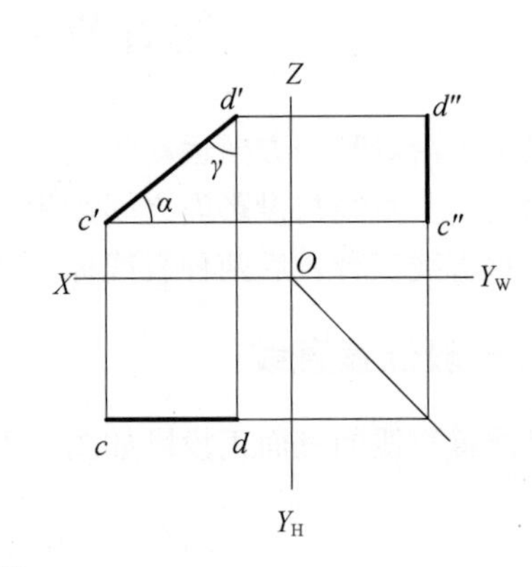

图 9-26　正平线

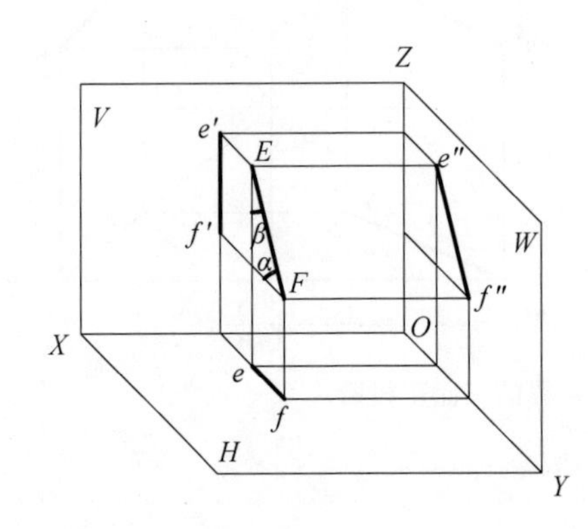

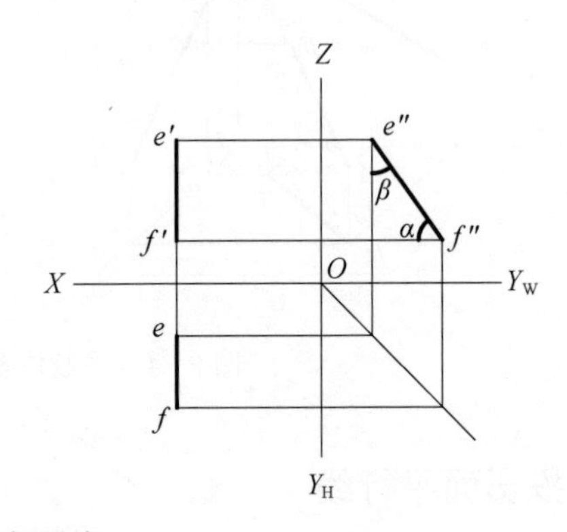

图 9-27　侧平线

三、投影面垂直线

只垂直于一个投影面，同时平行于其他两个投影面的直线，称为投影面垂直线。它也有三种状况：铅垂线、正垂线和侧垂线。

（1）铅垂线：只垂直于 H 面，同时平行于 V、W 面的直线，如图 9-28 中的 AB 线。

（2）正垂线：只垂直于 V 面，同时平行于 H、W 面的直线，如图 9-29 中的 CD 线。

（3）侧垂线：只垂直于 W 面，同时平行于 V、H 面的直线，如图 9-30 中的 EF 线。

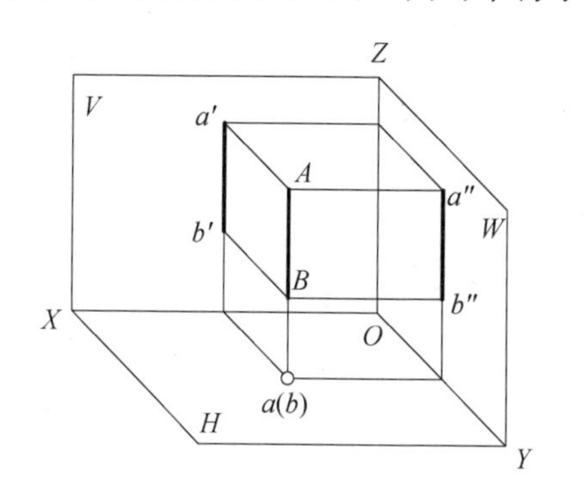

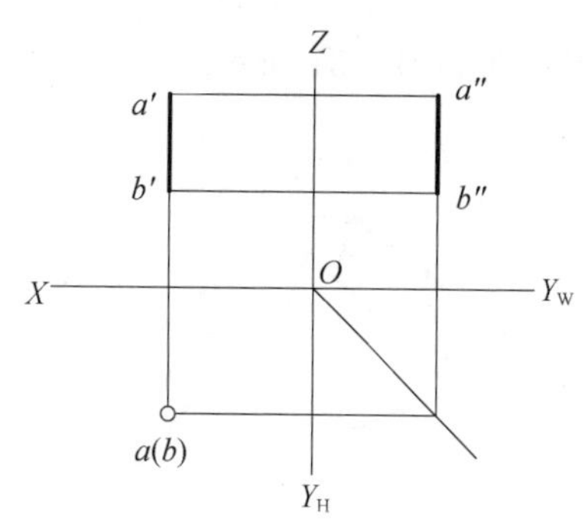

图 9-28　铅垂线

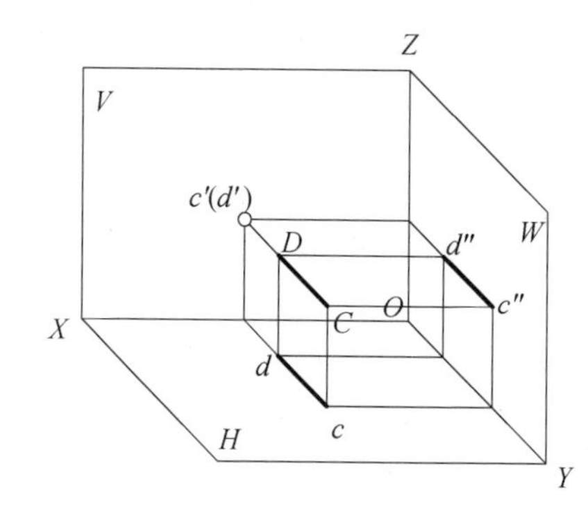

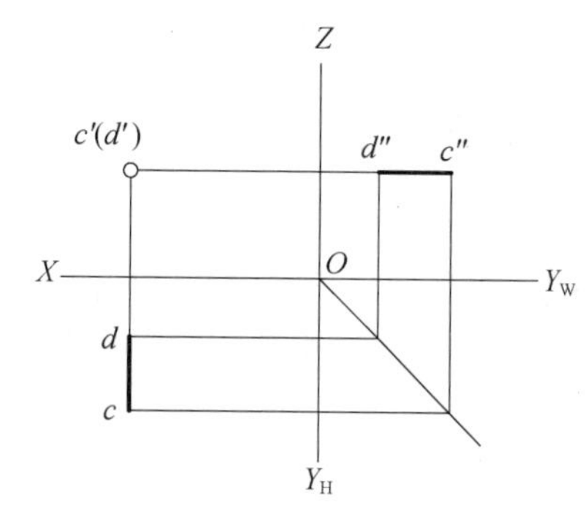

图 9-29　正垂线

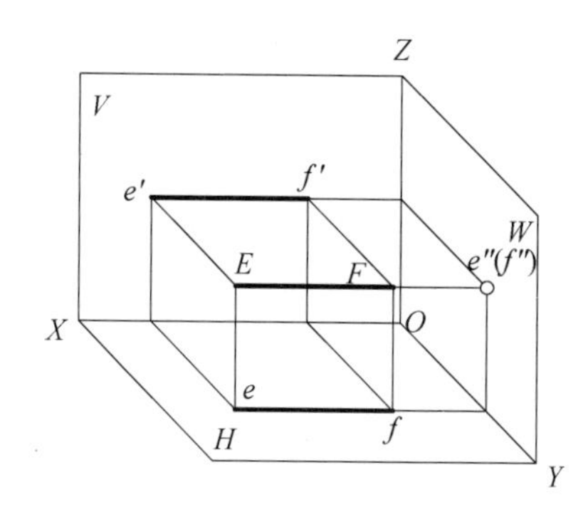

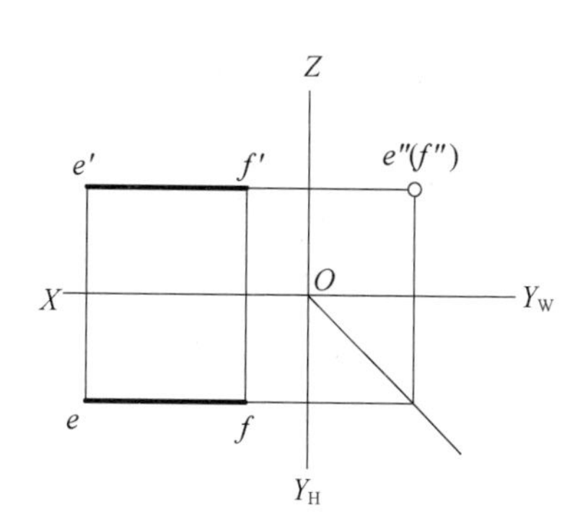

图 9-30　侧垂线

第六节　平面的正投影规律

平面是直线沿某一方向运动的轨迹。平面可以用平面图形来表示，如三角形、梯形、圆形等。要做出平面的投影，只要做出构成平面形轮廓的若干点与线的投影，然后连成平面图形即可。平面与投影面之间按相对位置的不同可分为一般位置平面、投影面平行面和投影面垂直面，后两种统称为特殊位置平面。

一、一般位置平面

一般位置平面如图 9-31 所示。

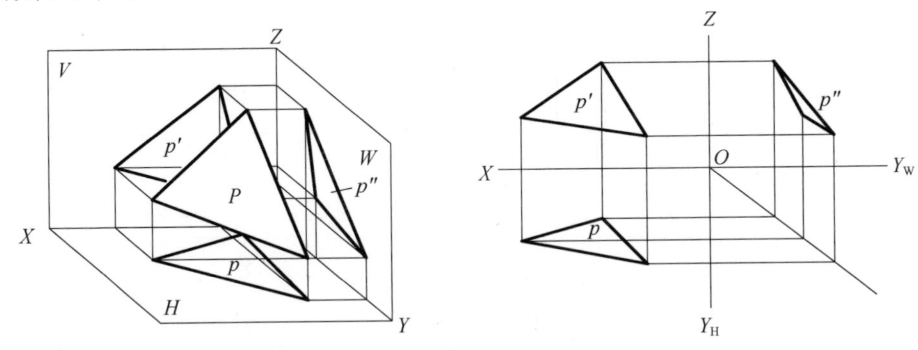

图 9-31　一般位置平面

二、投影面平行面

平行于某一投影面，因而垂直于另两个投影面的平面，称为投影面平行面。投影面平行面有三种状况：水平面、正平面和侧平面。

（1）水平面：与 H 面平行，同时垂直于 V、W 面的平面，如图 9-32 中的 P 平面。

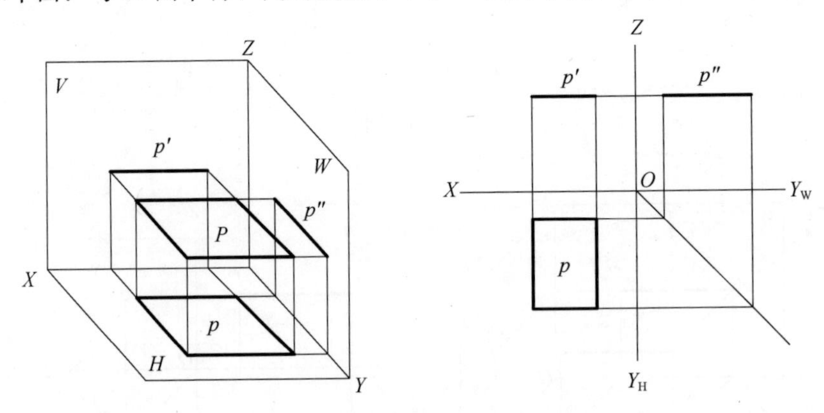

图 9-32　水平面

（2）正平面：平行于 F 面，同时垂直于 H、W 面的平面，如图 9-33 中的 Q 平面。

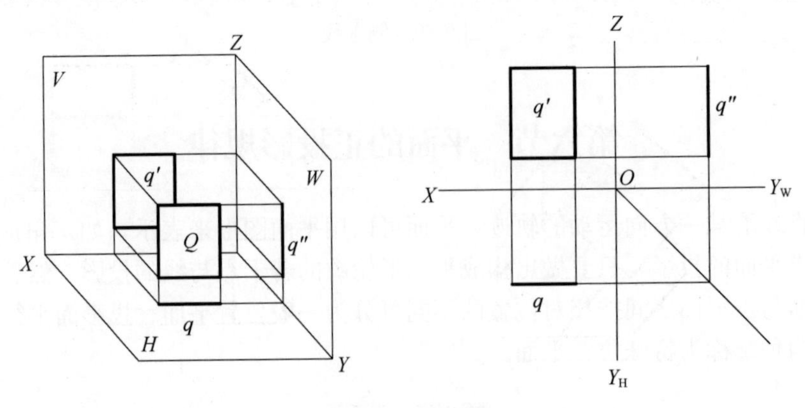

图 9-33　正平面

（3）侧平面：平行于 W 面，同时垂直于 V、H 的平面，如图 9-34 中的 R 平面。

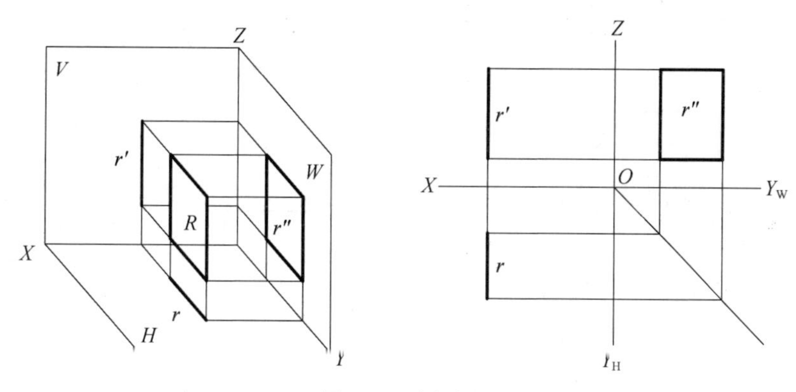

图 9-34　侧平面

由此可见，投影平行面的共同特性为：投影面平行面在它所平行的投影面的投影反映实形，在其他两个投影面上投影积聚为直线，且与相应的投影轴平行。

三、投影面垂直面

垂直于一个投影面，同时倾斜于其他投影面的平面，称为投影面垂直面。投影面垂直面也有三种状况：铅垂面、正垂面和侧垂面。

（1）铅垂面：垂直于 H 面，倾斜于 V、W 面的平面，如图 9-35 中的 P 平面。

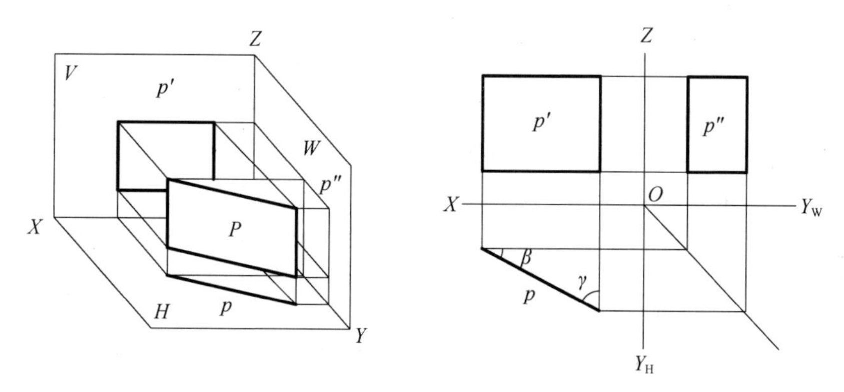

图 9-35　铅垂面

（2）正垂面：垂直于 V 面，倾斜于 H、W 面的平面，如图 9-36 中的 Q 平面。

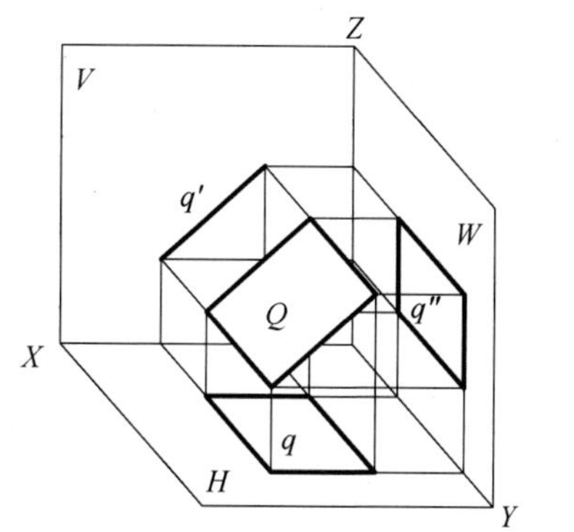

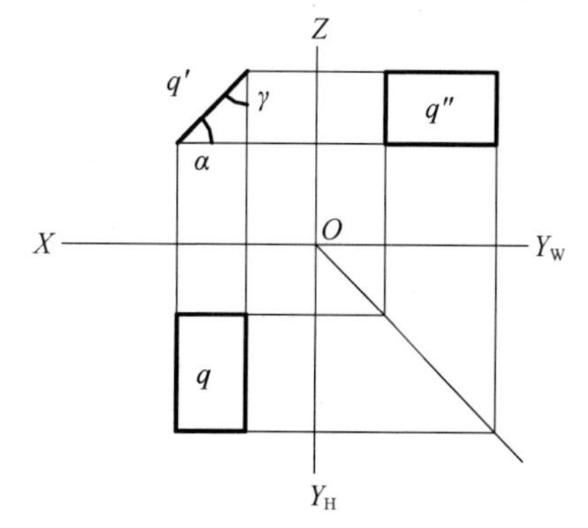

图 9-36　正垂面

（3）侧垂面：垂直于 W 面，倾斜于 H、V 面的平面，如图 9-37 中的 R 平面。

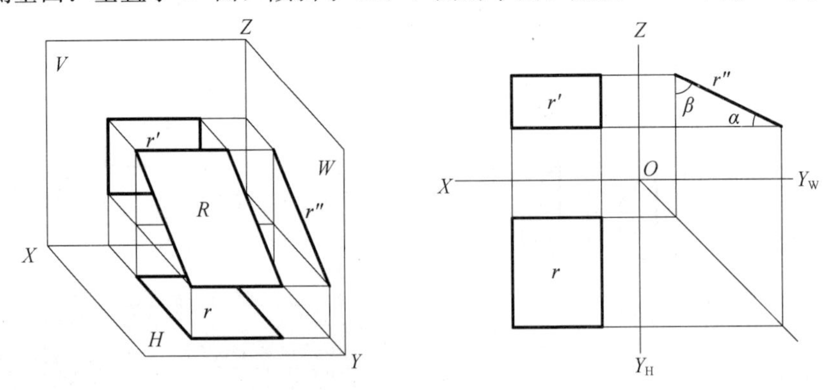

图 9-37　侧垂面

由此可见，投影面垂直面的共同特性为：投影面垂直面在它所垂直的投影面上的投影积聚为一斜直线，它与相应投影轴的夹角反映该平面对其他两个投影面的倾角；在另两个投影面上的投影反映该平面的类似形，且小于实形。

本章作业题

1. 投影分哪几类？什么是正投影？

2. 正投影有哪些基本特征？正投影图有哪些特点？

3. 三面投影体系有哪些投影面？他们的代号及空间位置如何？

4. 三面投影体系是如何展开成投影图的？三个投影之间有什么关系？

5. 在投影中形体的长宽高是如何确定的？在 H、V、W 投影图上各反映哪些方向尺寸及方位？

6. 什么是基本投影面？

7. 试述点的三面投影规律。

8. 平面的空间位置有哪些？都有哪些投影特性？

第十章　组合体的投影

人们日常见到的建筑物或其他的工程形体，都由简单形体组成，如图 10-1 所示的水塔是由四棱台、圆柱体、长方体等组合而成。

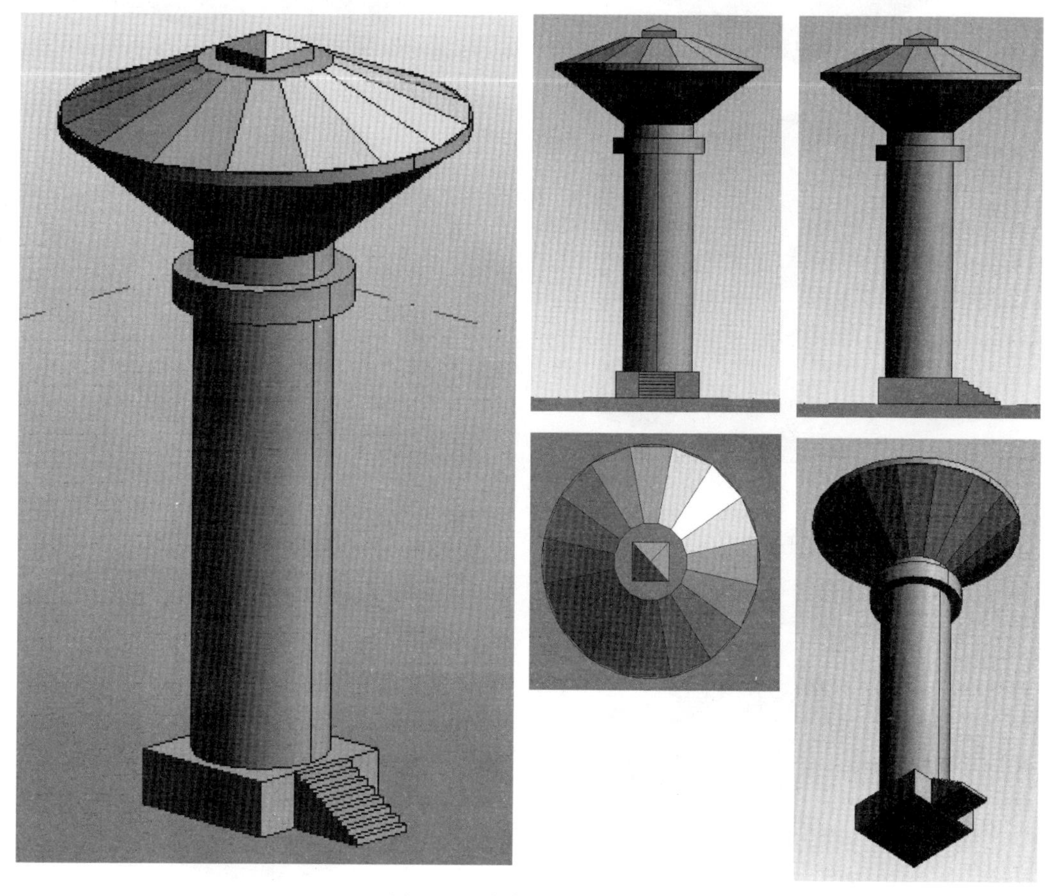

图 10-1　水塔的三面正投影

由基本形体组合而成的形体称为组合体。组合体的组合方式分为如下两种：

（1）叠加式：把组合体看成由若干个基本形体叠加而成。

（2）切割式：组合体是由一个基本形体经过若干次切割而成的。

本章作业题

1. 做出图 10-2 所示组合体的三面正投影。

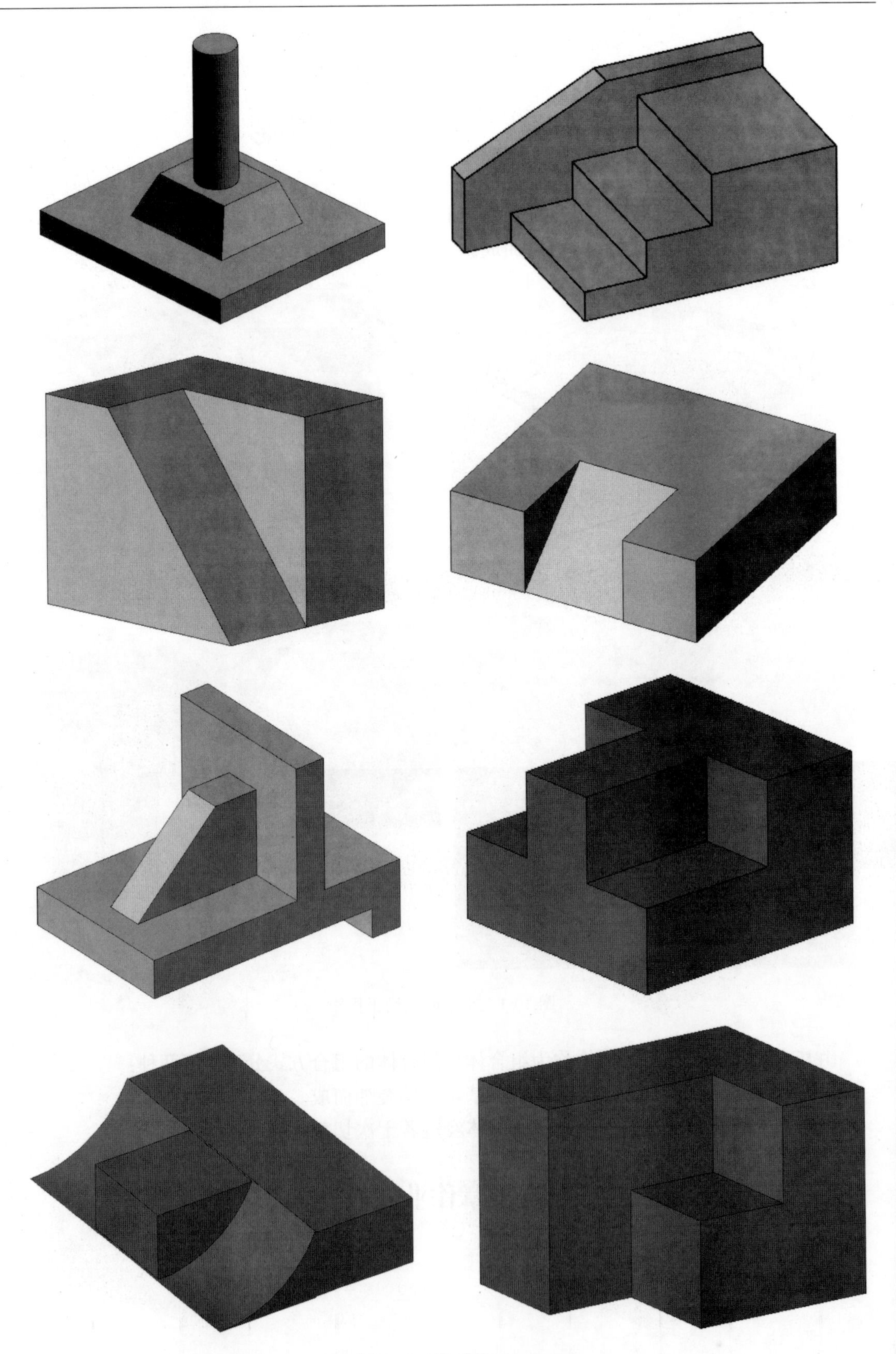

图 10-2　组合体（一）

图 10-2　组合体（一）（续）

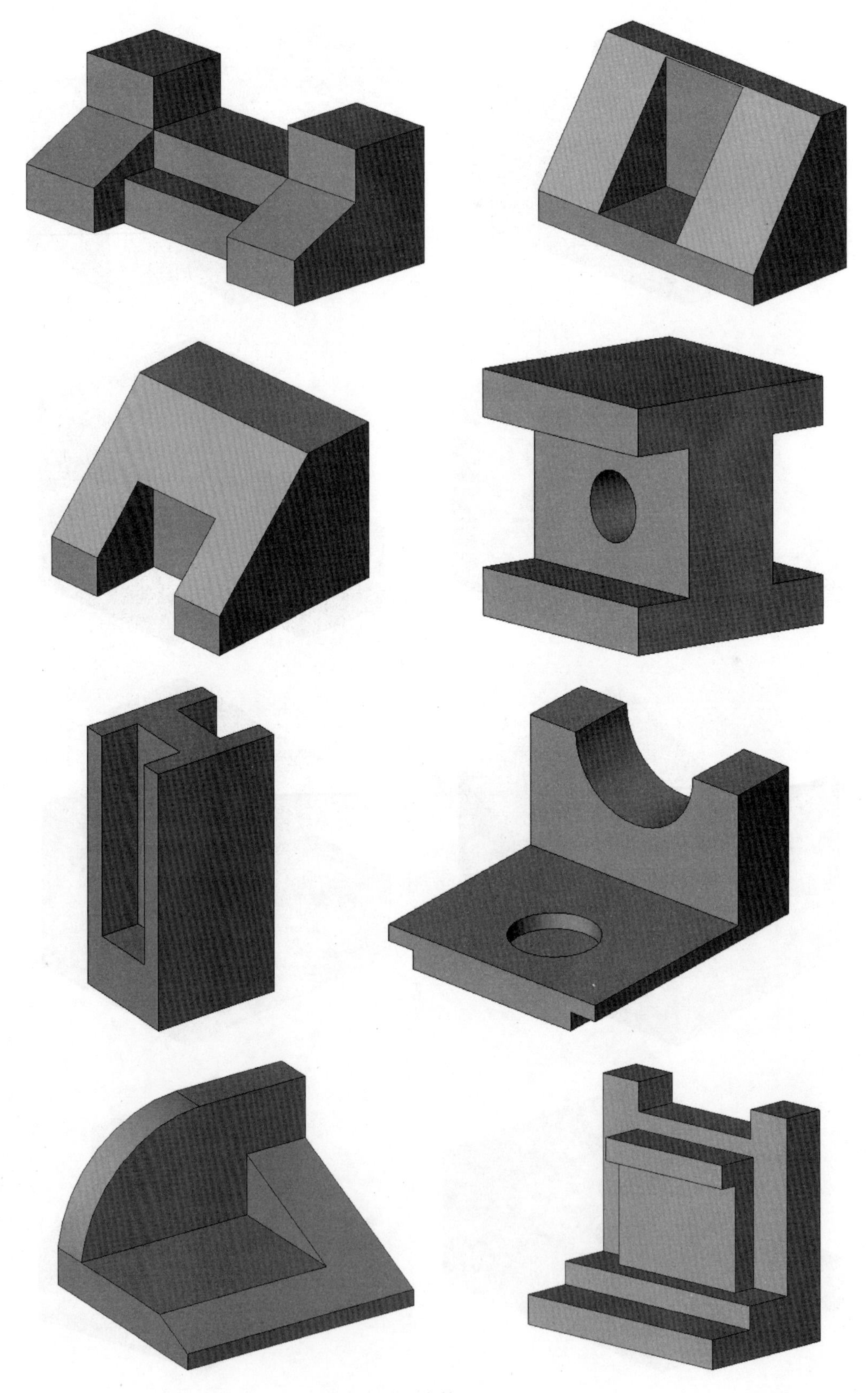

图 10-2　组合体（一）（续）

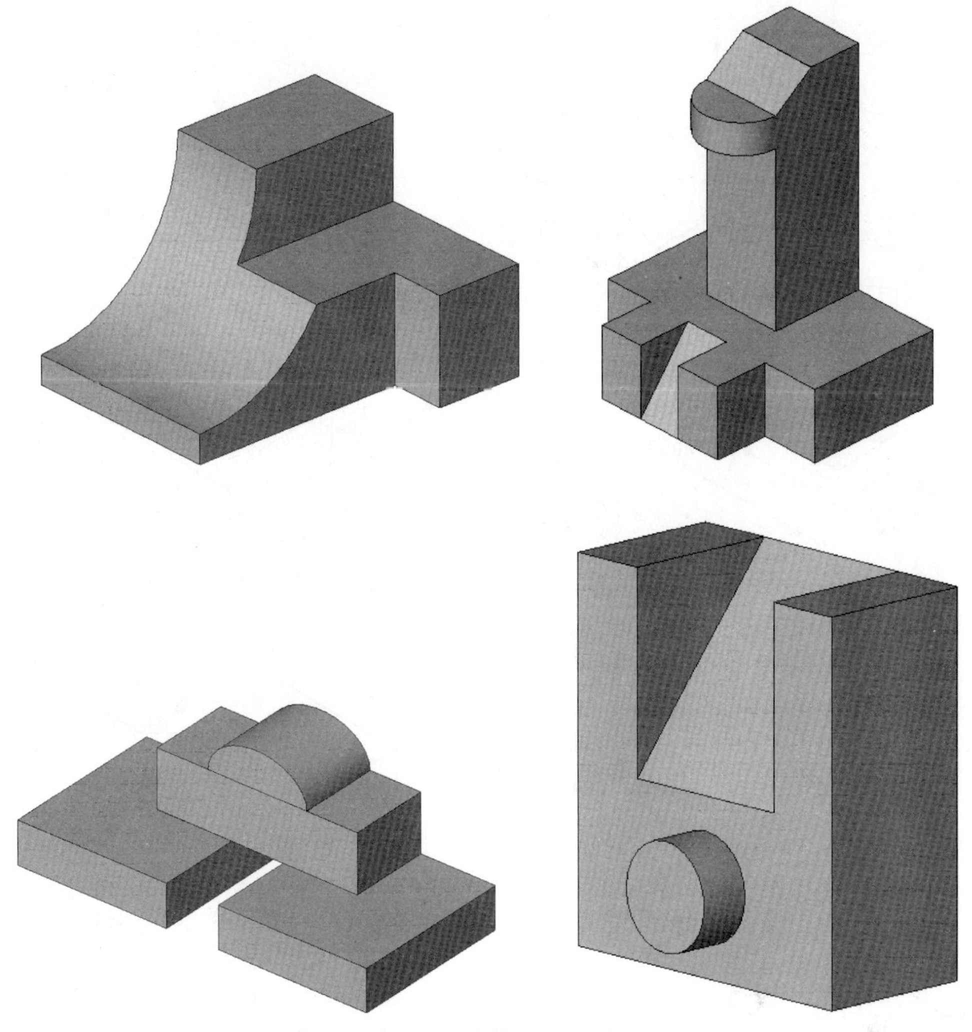

图 10-2　组合体（一）（续）

2. 按 1∶1 比例做出图 10-3 所示组合体的三面正投影。

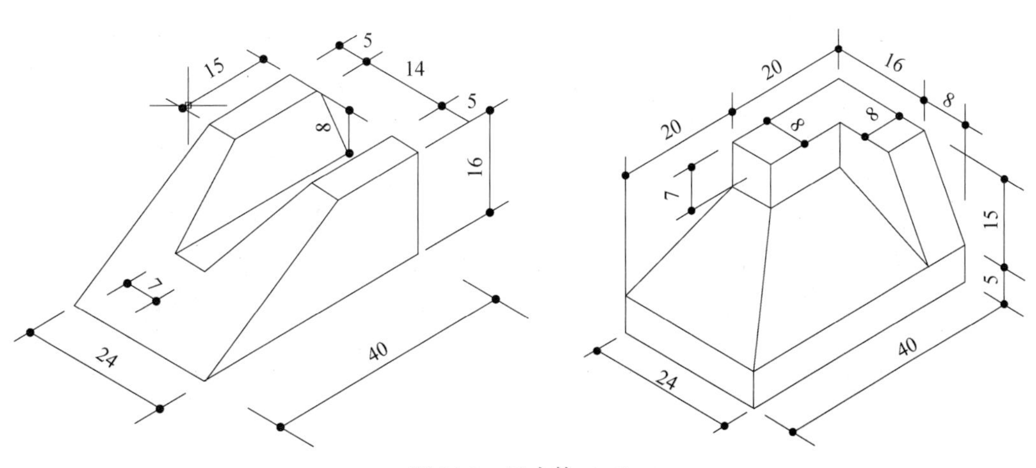

图 10-3　组合体（二）

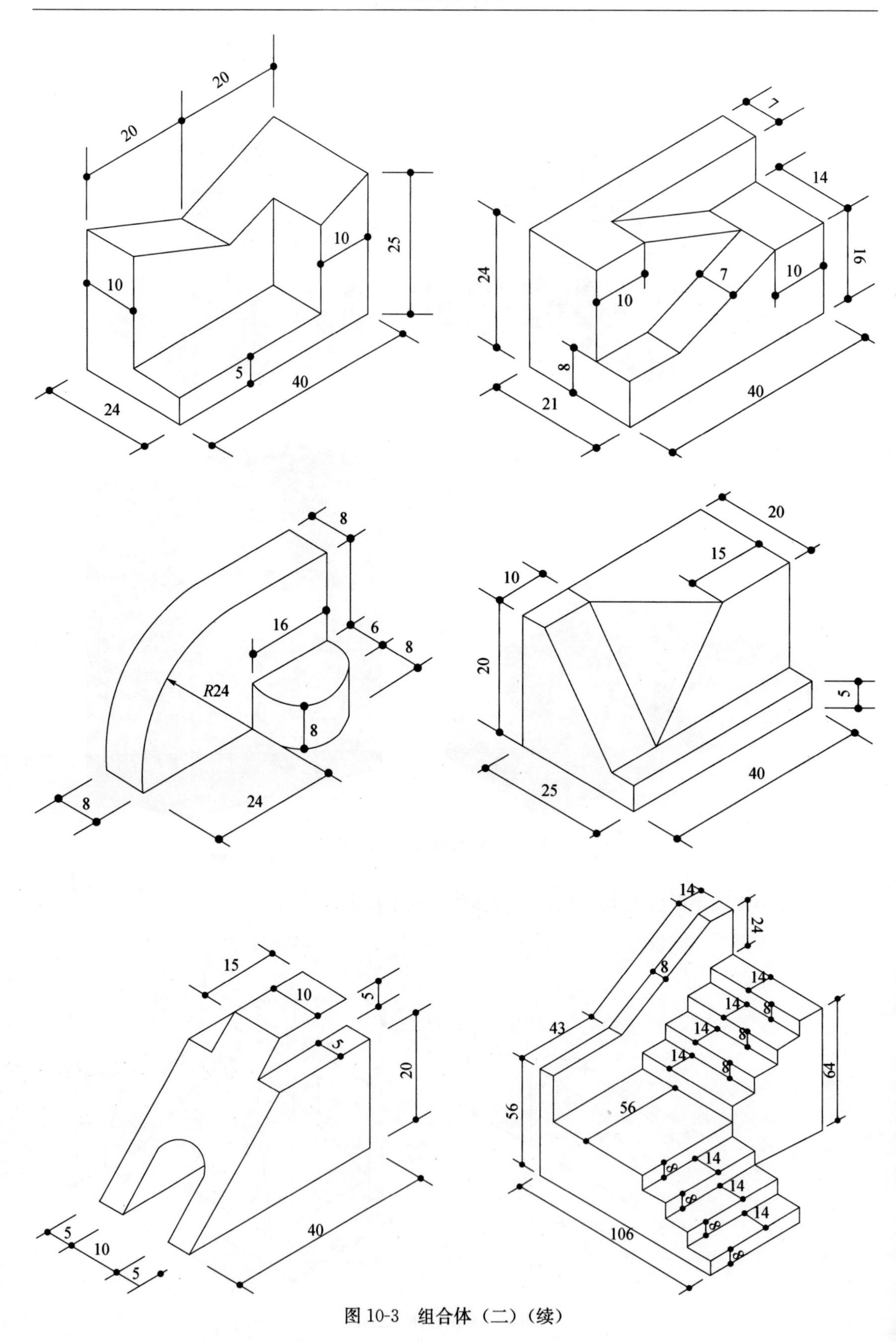
20
20
25
10
10
5
40
24
7
14
16
24
10
7
10
10
8
21
40
8
8
16
6
8
R24
8
8
24
20
15
10
20
5
40
25
15
10
5
5
20
5
10
5
40
14
24
8
43
14
8
14
8
14
8
14
8
64
56
56
14
8
14
8
14
8
8
106

图 10-3　组合体（二）（续）

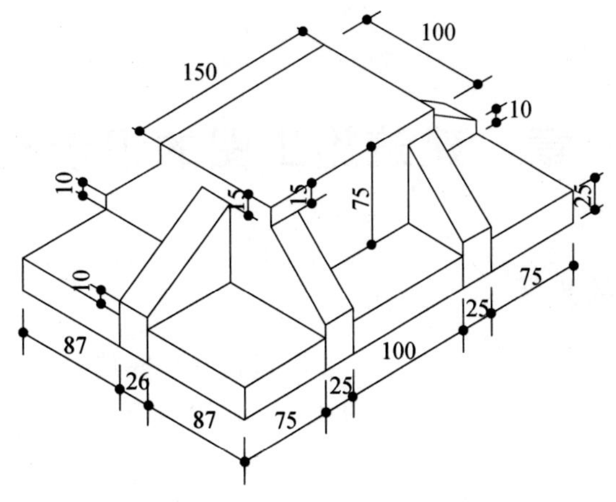

图 10-3　组合体（二）（续）

第十一章　建筑施工图的识读与绘制

一、阅读施工图的步骤

以办公楼为例阅读施工图时，应按如下步骤进行并掌握其中要点：

（1）先看目录和设计说明，了解建筑的功能、建筑面积、结构形式、层数等，对建筑有初步了解。

（2）按照目录查阅图纸是否齐全，图纸编号与图名是否符合。如采用标准图则要了解标准图的代号，准备标准图集，以备查看。

（3）阅读设计要求、工程做法等。

（4）阅读总平面图，了解建筑的定位位置、尺寸、朝向、周围的环境、地形和地貌。

（5）阅读平面图、立面图、剖面图。读图时应先看底层平面图，了解建筑的平面形状、内部布置、各项尺寸，再看其他平面图。从立面图上了解建筑的外观造型、高度以及装修要求；从剖面图上了解建筑的分层情况。对建筑的主要部位尺寸、标高及做法应适当记忆，如建筑总长、总宽、总高，房间的开间、进深、层高、墙体厚度，主要材料的标号及相应要求等。

（6）阅读建筑详图，更加深入地了解建筑细部构造。

（7）边看边记。在看图时，应养成边看边记笔记的习惯，记下关键内容，以便工作时备查，特别是自己比较生疏的地方。

（8）随着识图能力的不断提高和专业知识的积累，在看图中间还应对照建筑图查阅与结构施工图、设备施工图是否有矛盾，同时也要了解其他专业对土建的要求。

二、总平面图图例

总平面图图例如表 11-1 所示。

表 11-1　总平面图例

序号	名称	图例	说明
1	新建的建筑物		1. 上图为不画出入口图例，下图为画出入口图例 2. 需要时，可在图形内右上角以点数或数字（高层宜用数字）表示层数 3. 用粗实线表示
2	原有的建筑物		1. 应该注明拟利用者 2. 用细实线表示
3	计划扩建的预留地或建筑物		用中虚线表示

续表

序号	名称	图例	说明
4	拆除的建筑物	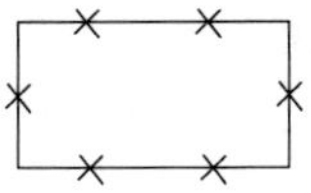	用细实线表示
5	新建的地下建筑物或构筑物	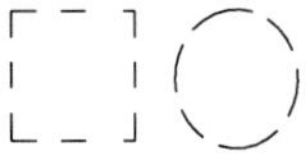	用粗虚线表示
6	新建筑物下面的通道	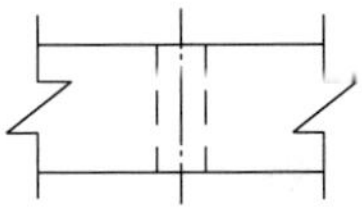	
7	围墙及大门	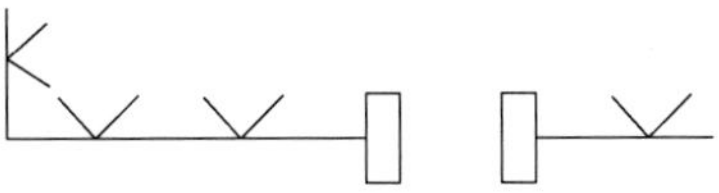 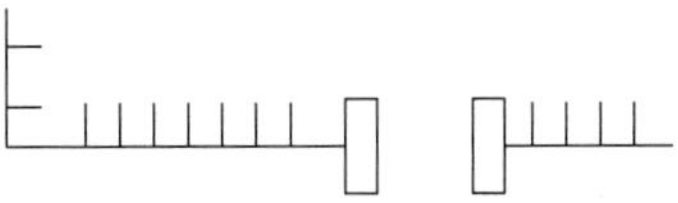	上图为砖石、混凝土或金属材料的围墙 下图为镀锌钢丝网、篱笆等围墙 如仅表示围墙时不画大门
8	挡土墙		被挡的土在“突出”的一侧
9	坐标	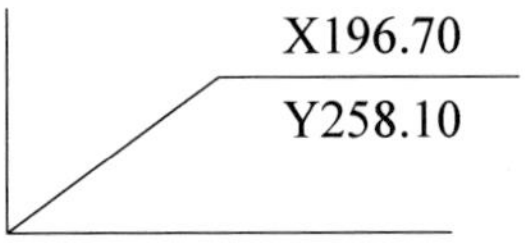 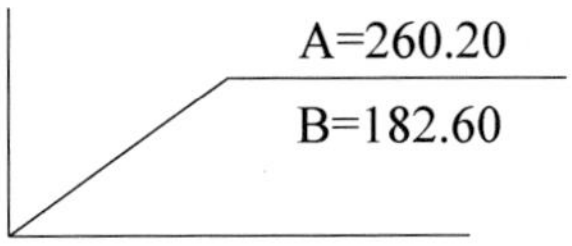 X196.70 Y258.10 A=260.20 B=182.60	上图表示测量坐标 下图表示是工作表
10	方格网交点标高	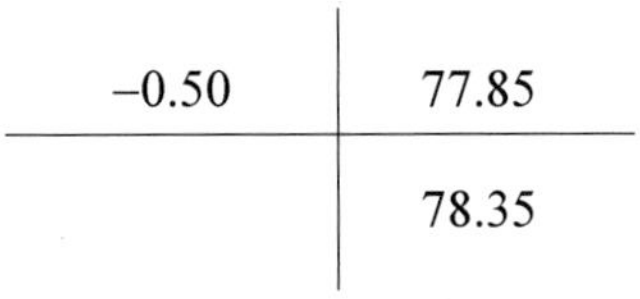 –0.50　77.85 78.35	“78.35”为原地面标高 “77.85”为设计标高 “–0.50”为施工高度 “–”表示挖方（“+”表示填方）
11	填方区、挖方区、未整平区及零点线	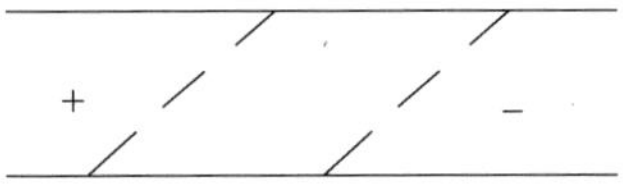 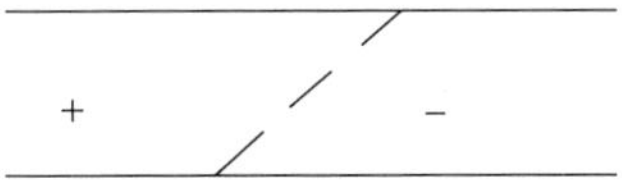 +　– +　–	“+”表示填方区 “–”表示挖方区 中间为未平整区 点划线为零点线

续表

序号	名称	图例	说明
12	护坡		短划画在坡上一侧
13	室内标高	±0.00=56.70	
14	室外标高	150.00	
15	原有道路		
16	计划扩建的道路		
17	桥梁		1. 上图为公路桥，下图为铁路桥 2. 用于旱桥时应注明
18	针叶乔木、灌木		
19	阔叶乔木、灌木		
20	草地、花坛		

三、建筑构件代号

建筑构件代号如表 11-2 所示。

序号	名称	代号	序号	名称	代号
1	板	B	3	空心板	KB
2	屋面板	WB	4	槽形板	CB

续表

序号	名称	代号	序号	名称	代号
5	折板	ZB	23	托架	TJ
6	密肋板	MB	24	天窗架	CJ
7	楼梯板	TB	25	钢架	GJ
8	盖板、沟盖板	GB	26	框架	KJ
9	檐口板	YB	27	支架	ZJ
10	吊车安全走道板	DB	28	柱	Z
11	墙板	QB	29	基础	J
12	天沟板	TGB	30	设备基础	SJ
13	梁	L	31	桩	ZH
14	屋面梁	WL	32	柱间支撑	ZC
15	吊车梁	DL	33	垂直支撑	CC
16	圈梁	QL	34	水平支撑	SC
17	过梁	GL	35	梯	T
18	连系梁	LL	36	雨篷	YP
19	基础梁	FL	37	阳台	YT
20	楼梯梁	TL	38	梁垫	LD
21	条	LT	39	预埋件	M
22	屋架	WJ			

四、结构图图例

（1）柱平法，如图 11-1 所示。

（2）梁平法，如图 11-2 所示。

（3）板平法，如图 11-3 所示。

（4）楼梯配筋，如图 11-4 所示。

（5）独立基础配筋，如图 11-5 所示。

（6）条形基础配筋，如图 11-6 所示。

（7）筏板基础，如图 11-7 所示。

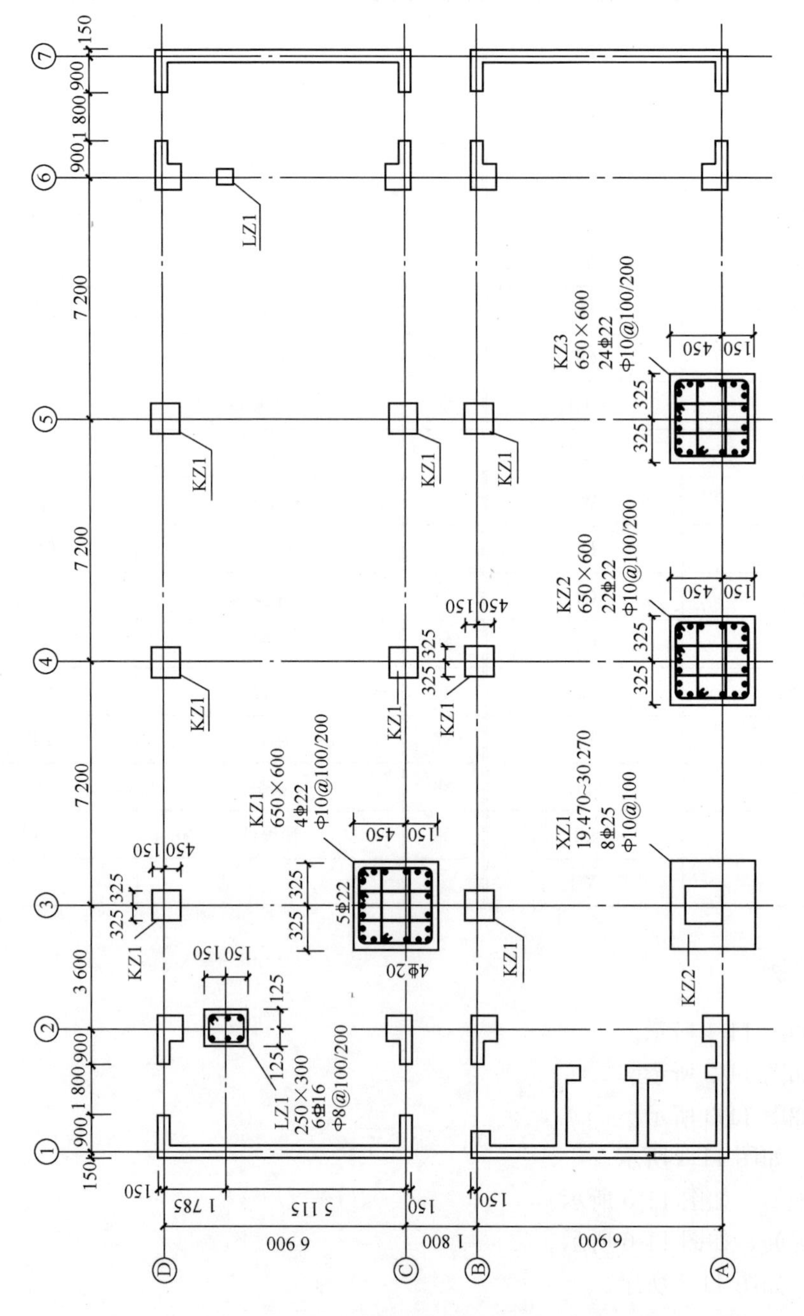

层号	标高(m)	层高(m)
屋面2	65.670	
塔层2	62.370	3.30
屋面1(塔层1)	59.070	3.30
16	55.470	3.60
15	51.870	3.60
14	48.270	3.60
13	44.670	3.60
12	41.070	3.60
11	37.470	3.60
10	33.870	3.60
9	30.270	3.60
8	26.670	3.60
7	23.070	3.60
6	19.470	3.60
5	15.870	3.60
4	12.270	3.60
3	8.670	3.60
2	4.470	4.20
1	-0.030	4.50
-1	-4.530	4.50
-2	-9.030	4.50

结构层楼面标高
结构层高
上部结构嵌固部位
-0.030

图11-1　19.470~37.470柱平法施工图

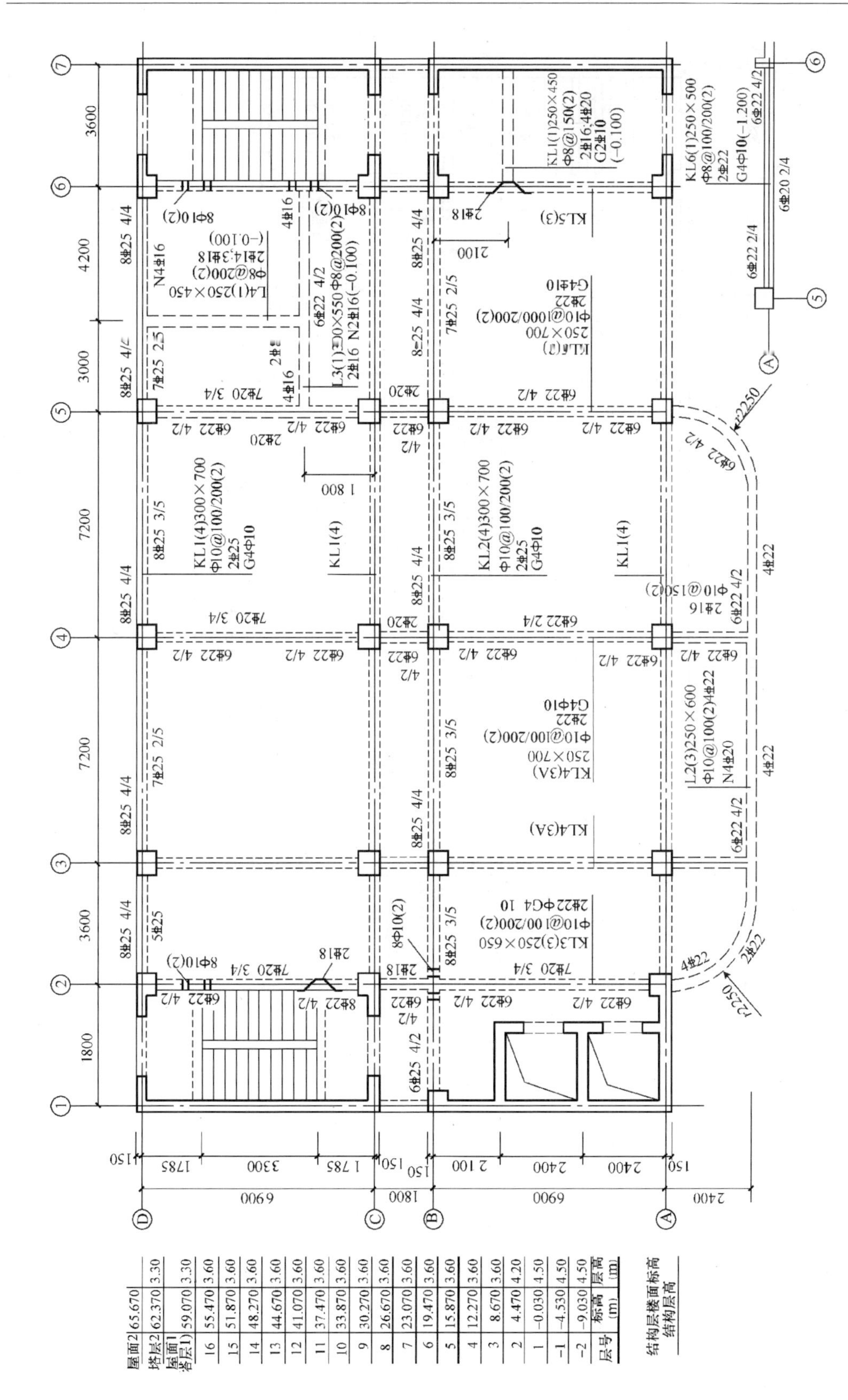

屋面2	65.670	
塔层2	62.370	3.30
屋面1 (塔层1)	59.070	3.30
16	55.470	3.60
15	51.870	3.60
14	48.270	3.60
13	44.670	3.60
12	41.070	3.60
11	37.470	3.60
10	33.870	3.60
9	30.270	3.60
8	26.670	3.60
7	23.070	3.60
6	19.470	3.60
5	15.870	3.60
4	12.270	3.60
3	8.670	3.60
2	4.470	4.20
1	-0.030	4.50
-1	-4.530	4.50
-2	-9.030	4.50
层号	标高(m)	层高(m)

结构层楼面标高
结构层高

图11-2　15.870~26.670梁平法施工图

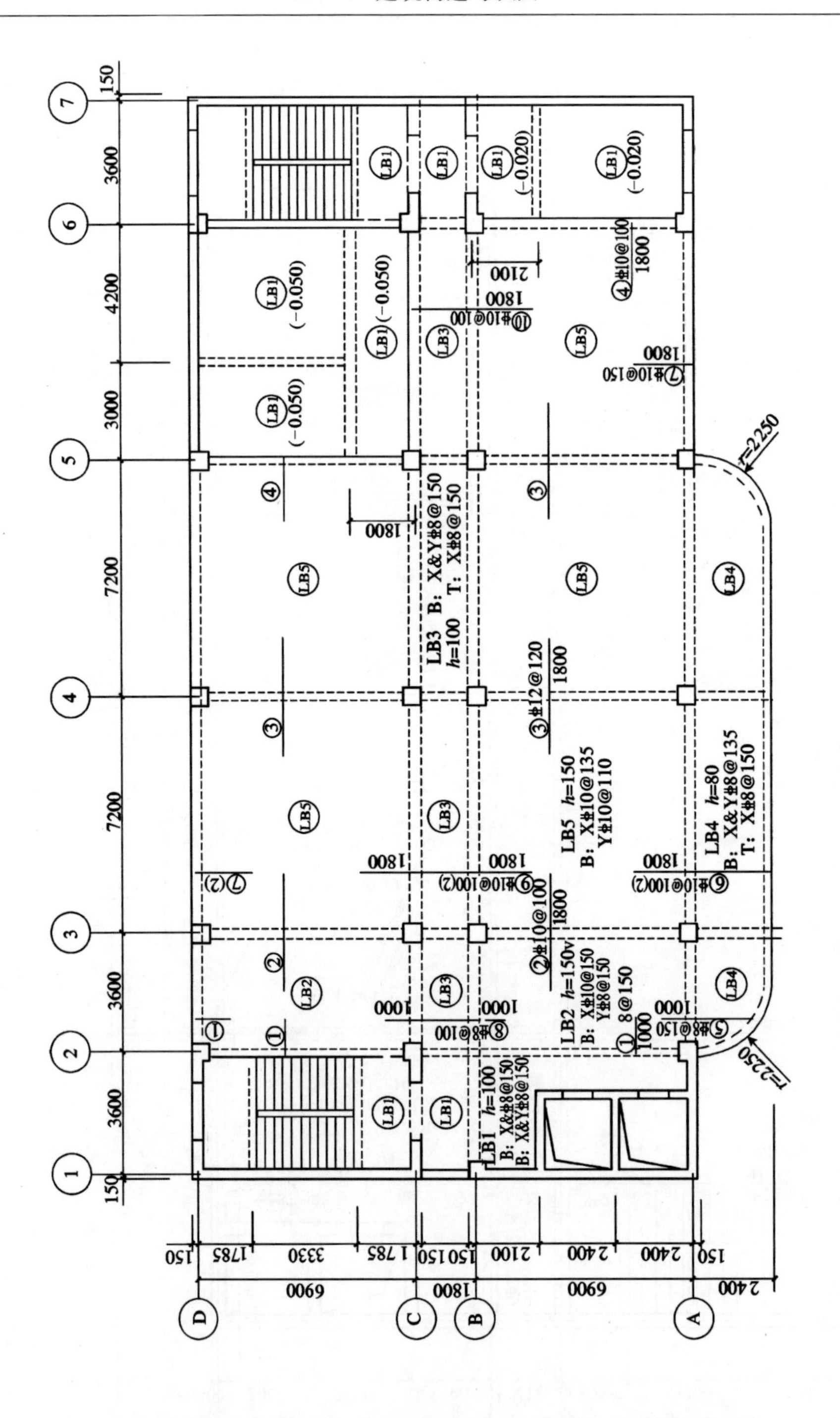

层号	标高(m)	层高(m)
屋面2	65.670	
塔层2	62.370	3.30
屋面1(塔层1)	59.070	3.30
16	55.470	3.60
15	51.870	3.60
14	48.270	3.60
13	44.670	3.60
12	41.070	3.60
11	37.470	3.60
10	33.870	3.60
9	30.270	3.60
8	26.670	3.60
7	23.070	3.60
6	19.470	3.60
5	15.870	3.60
4	12.270	3.60
3	8.670	3.60
2	4.470	4.20
1	-0.030	4.50
-1	-4.530	4.50
-2	-9.030	4.50

结构层楼面标高
结构层高

图11-3 15.870~26.670板平法施工图

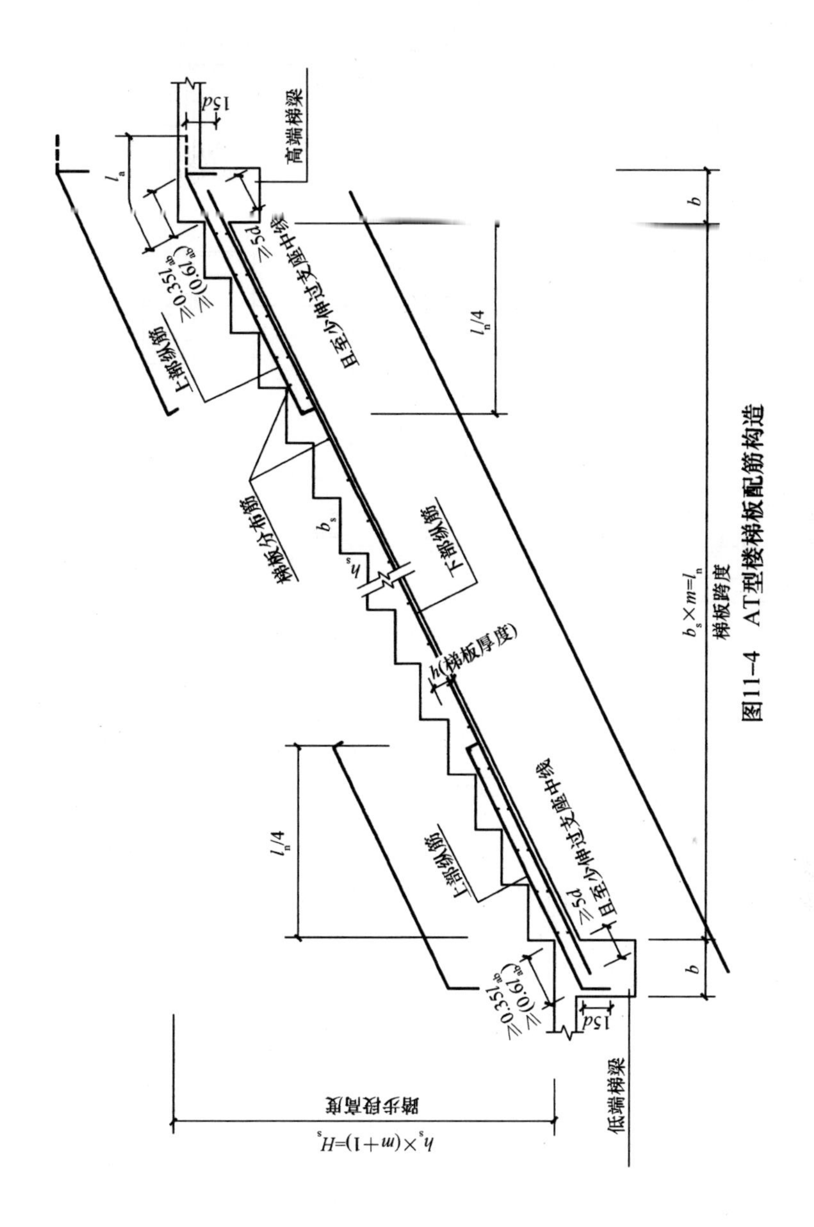

图11-4　AT型楼梯板配筋构造

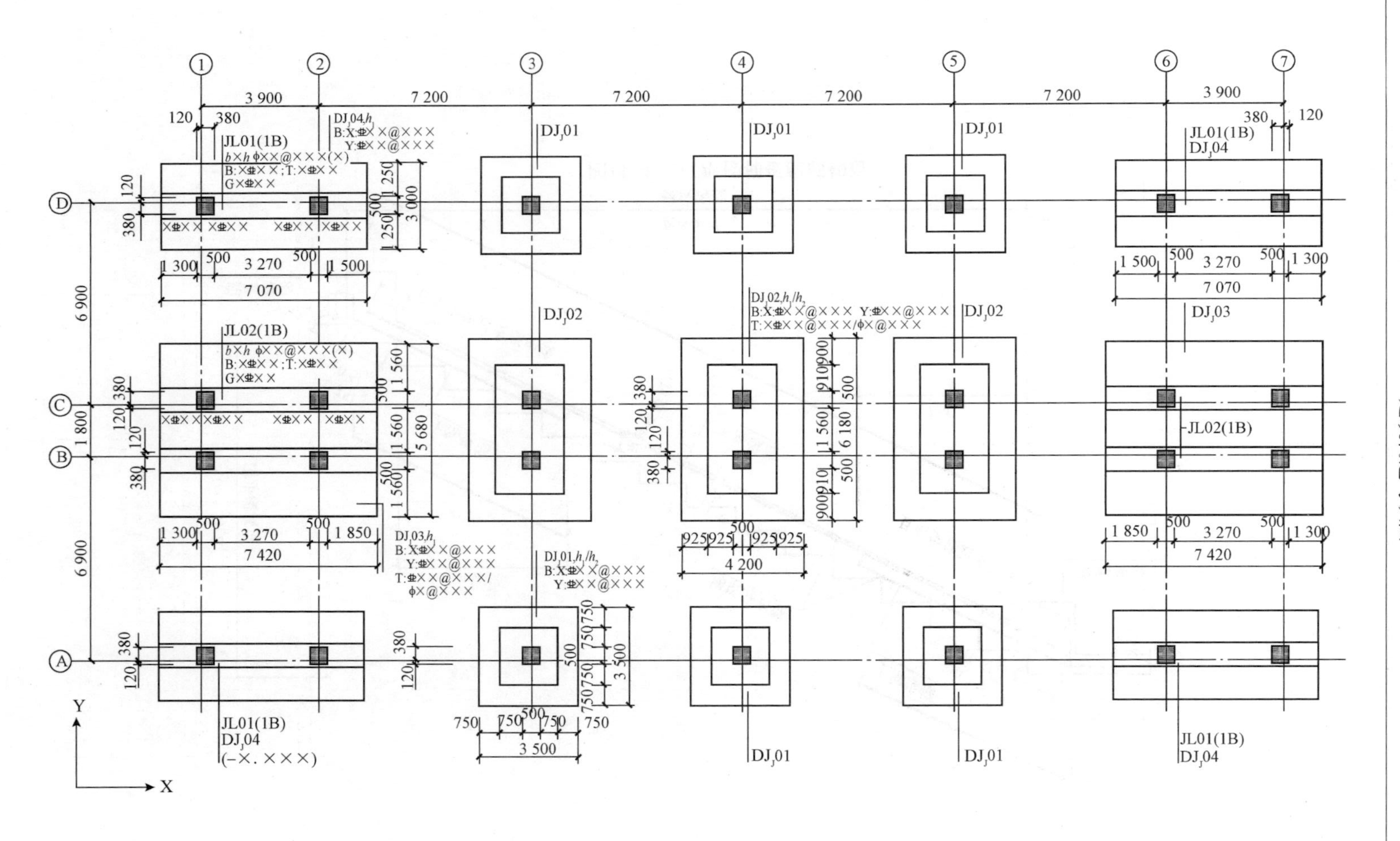

图11-5　采用平面注写方式表达的独立基础设计施工图示意

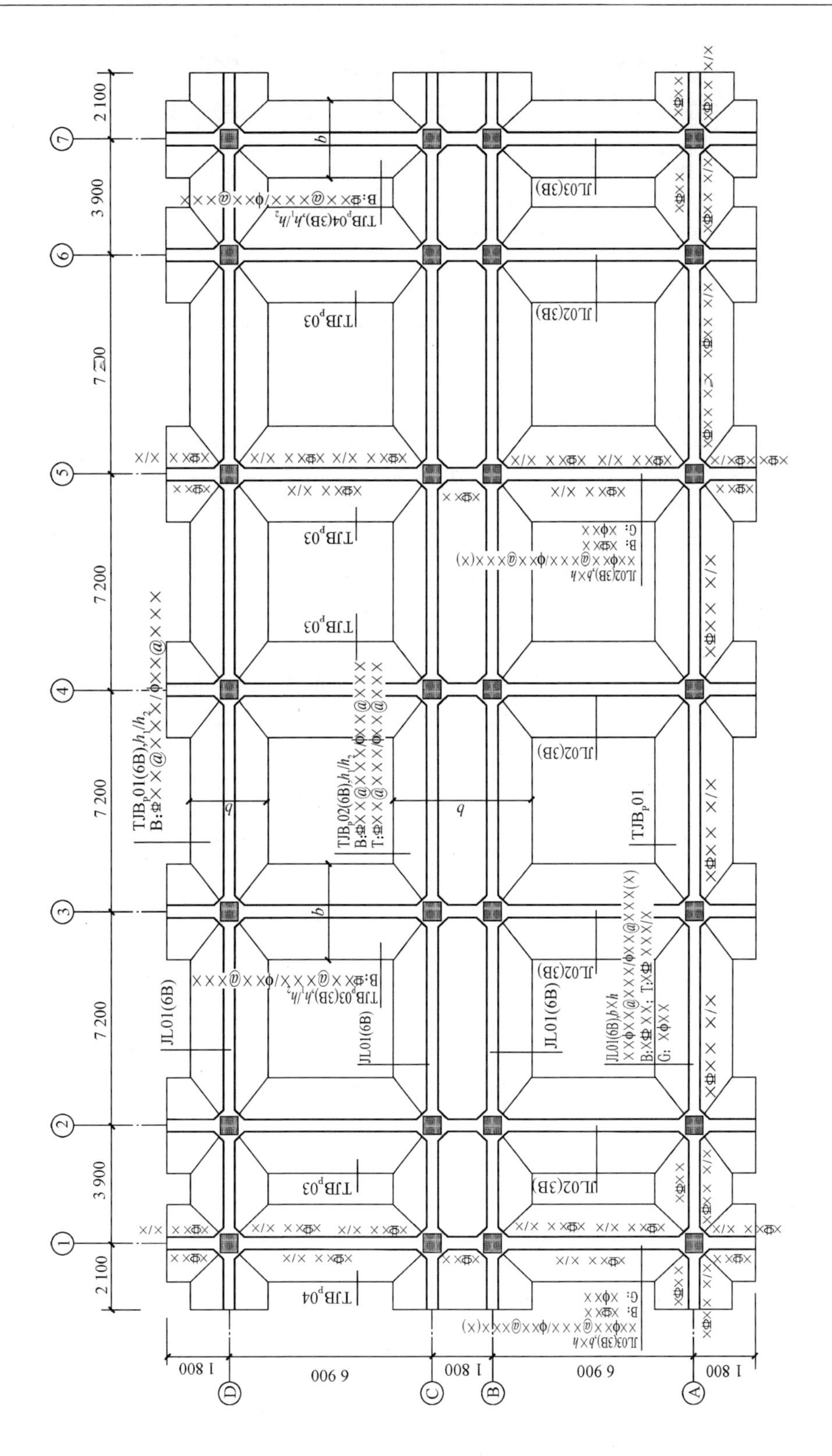

图11-6　采用平面注写方式表达的条形基础设计施工图示意

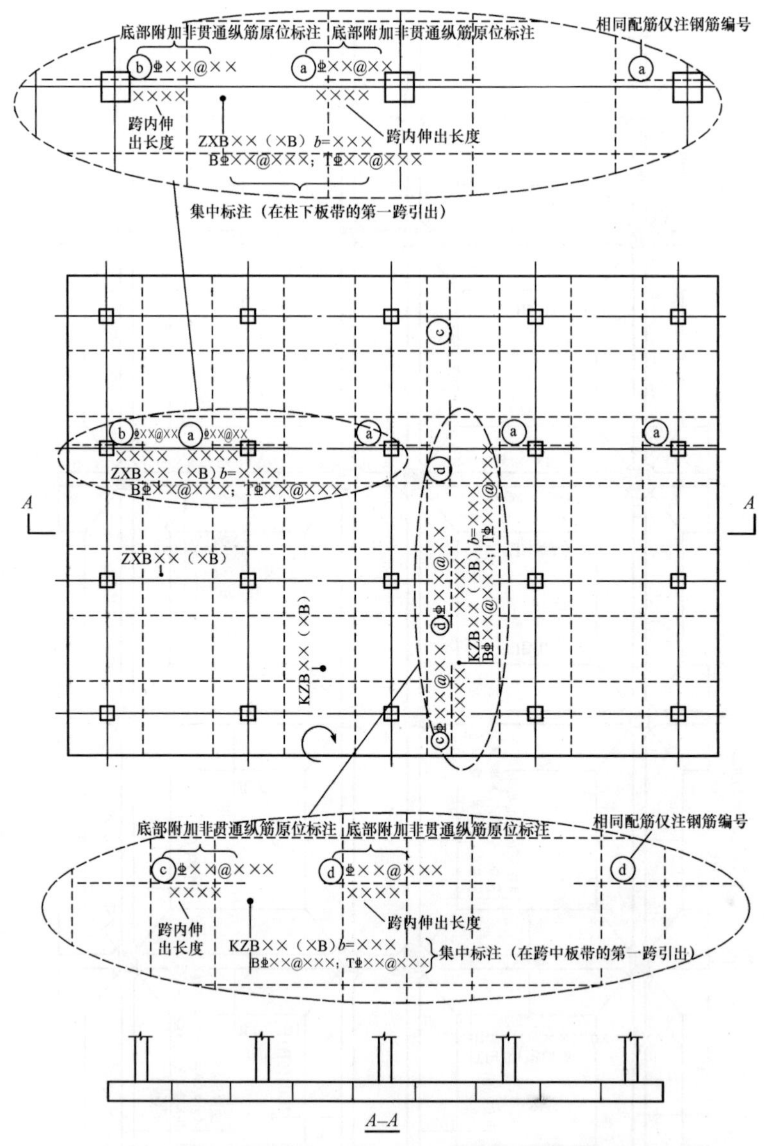

图 11-7　柱下板带 ZXB 与跨中板带 KZB 标注图示

五、绘制建筑施工图的目的

通过绘制建筑施工图，一方面能培养学生认真负责、一丝不苟的工作作风，另一方面能进一步加强学生识读施工图的能力，使学生更深入地了解施工图中每条线、每个图例的意义和构造做法，学会施工图的图示表达。

本章作业题

1. 按 1∶100 比例手绘出如图 11-8 所示平面图、1～3 轴立面图、1—1 剖面图。

2. 画综合楼（见文后插页）一层平面图、立面图、剖面图、详图，步骤如图 11-9 所示。

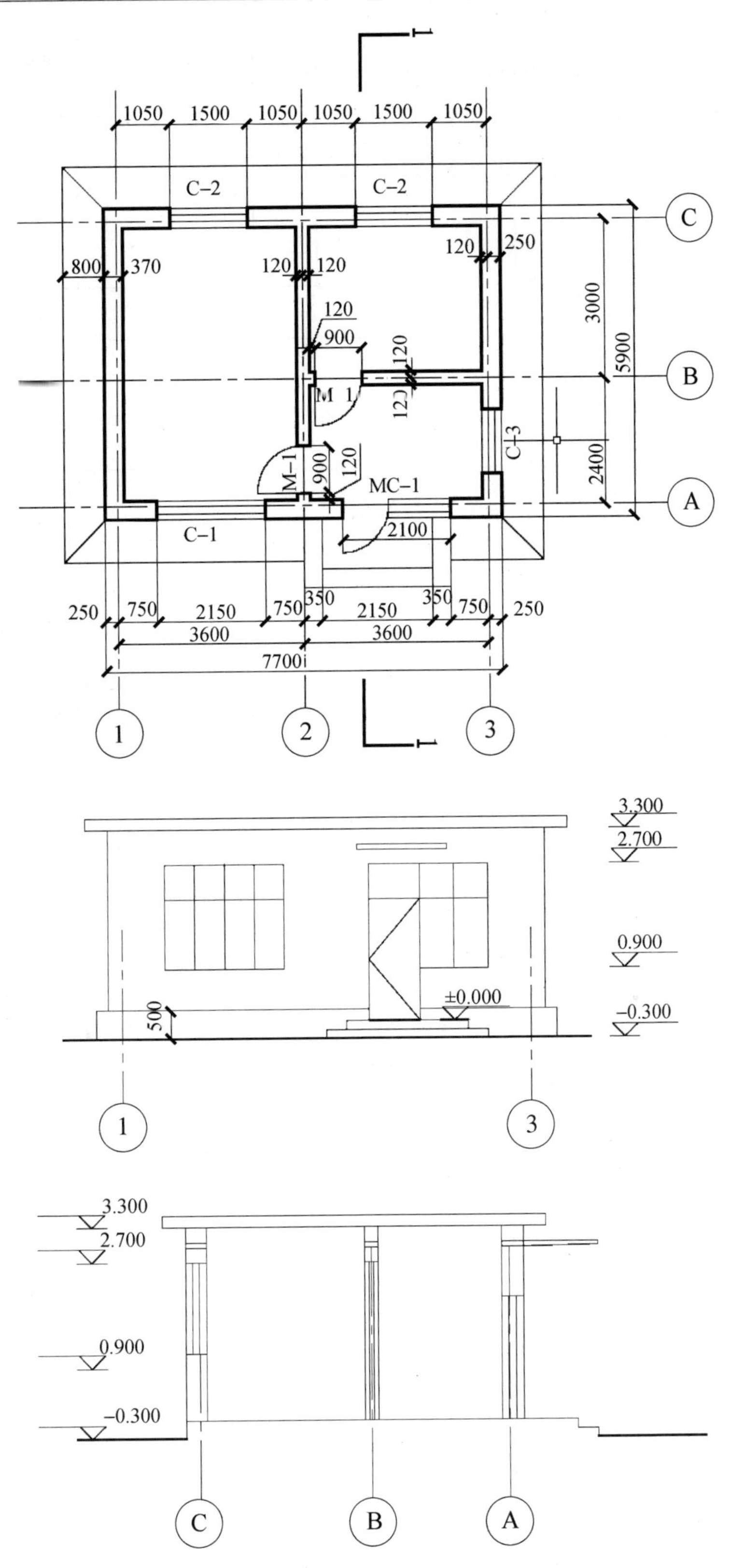

图 11-8　平面图、1～3 轴立面图、1—1 剖面图

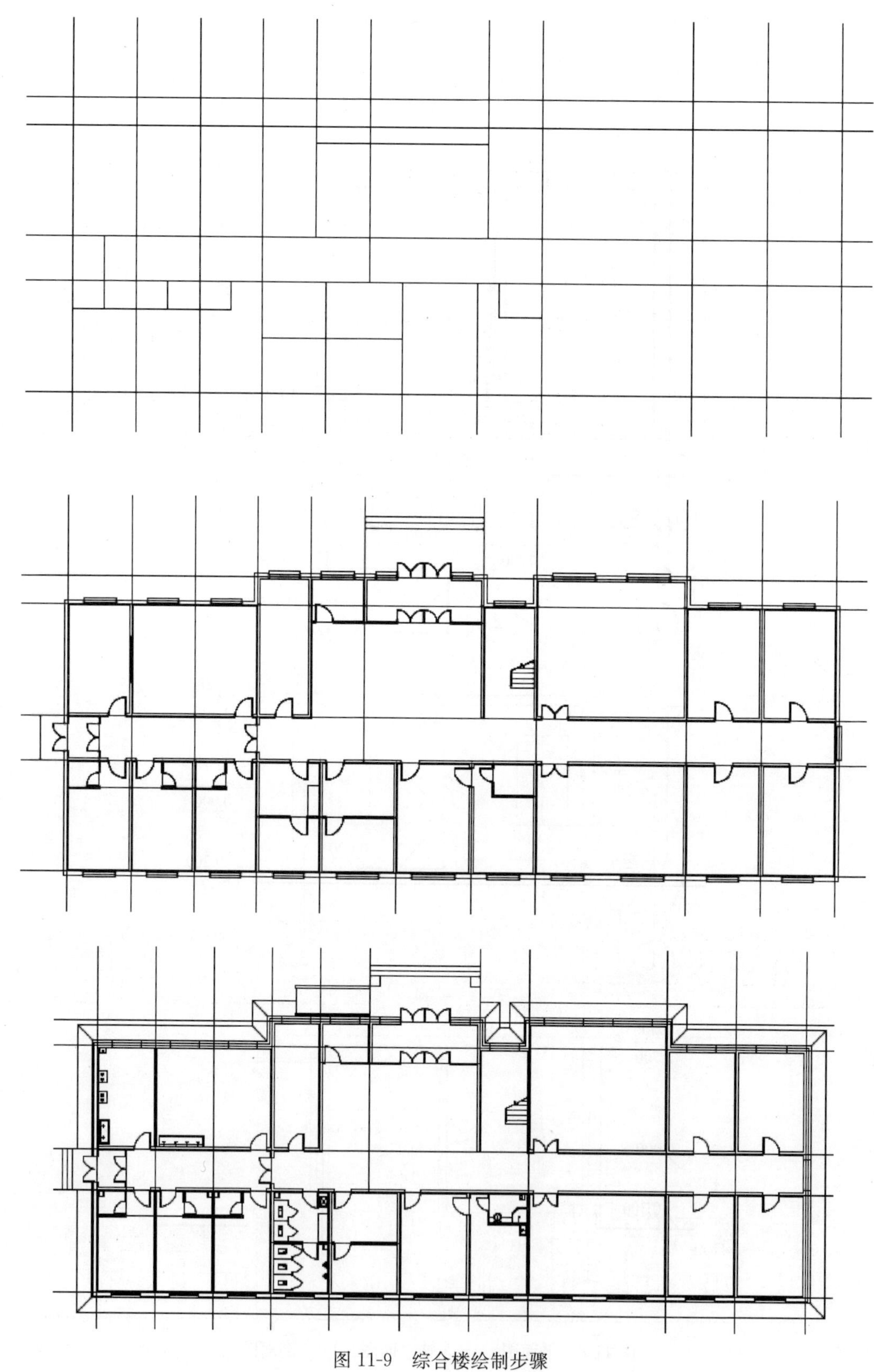

图 11-9　综合楼绘制步骤

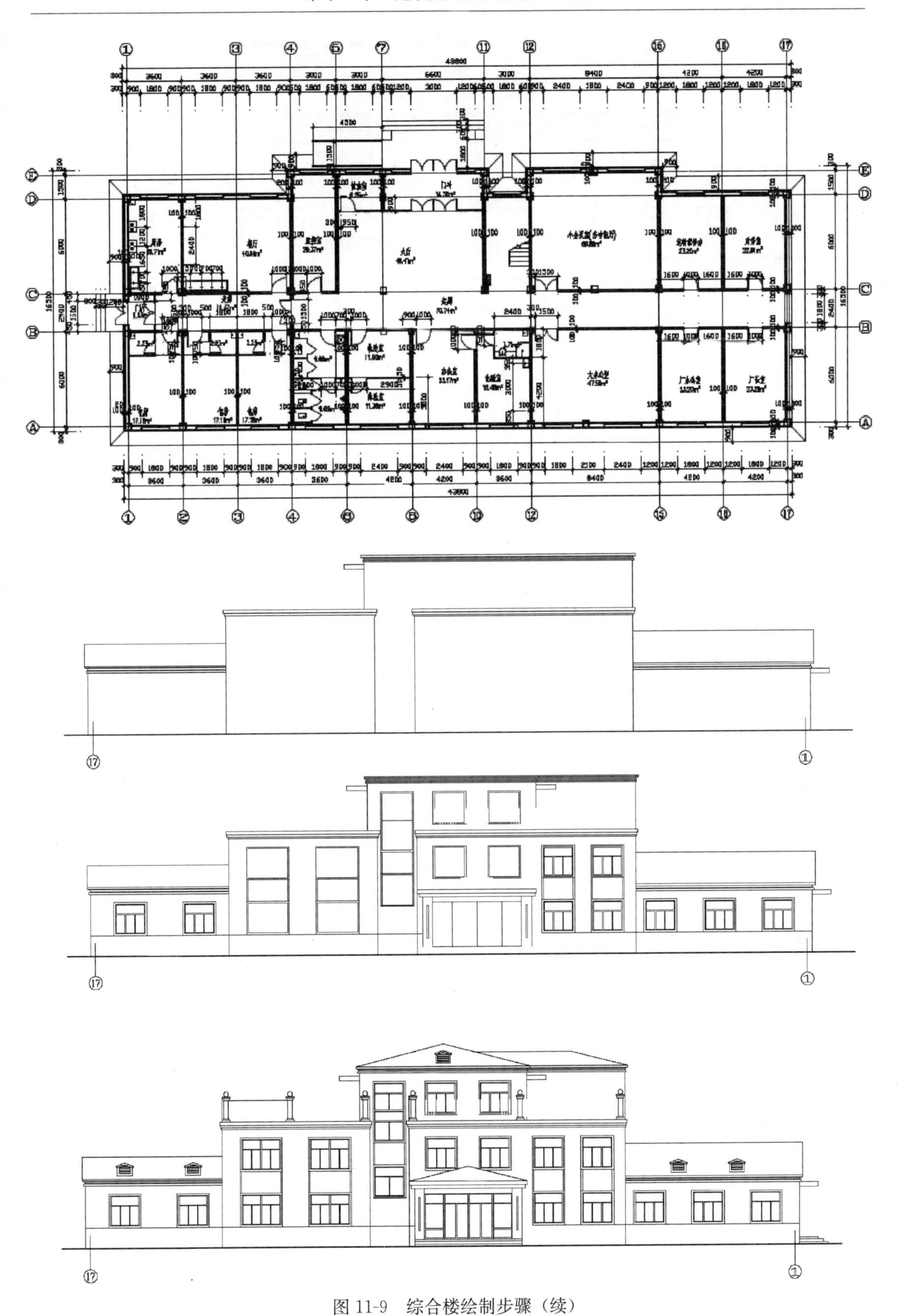

图 11-9　综合楼绘制步骤（续）

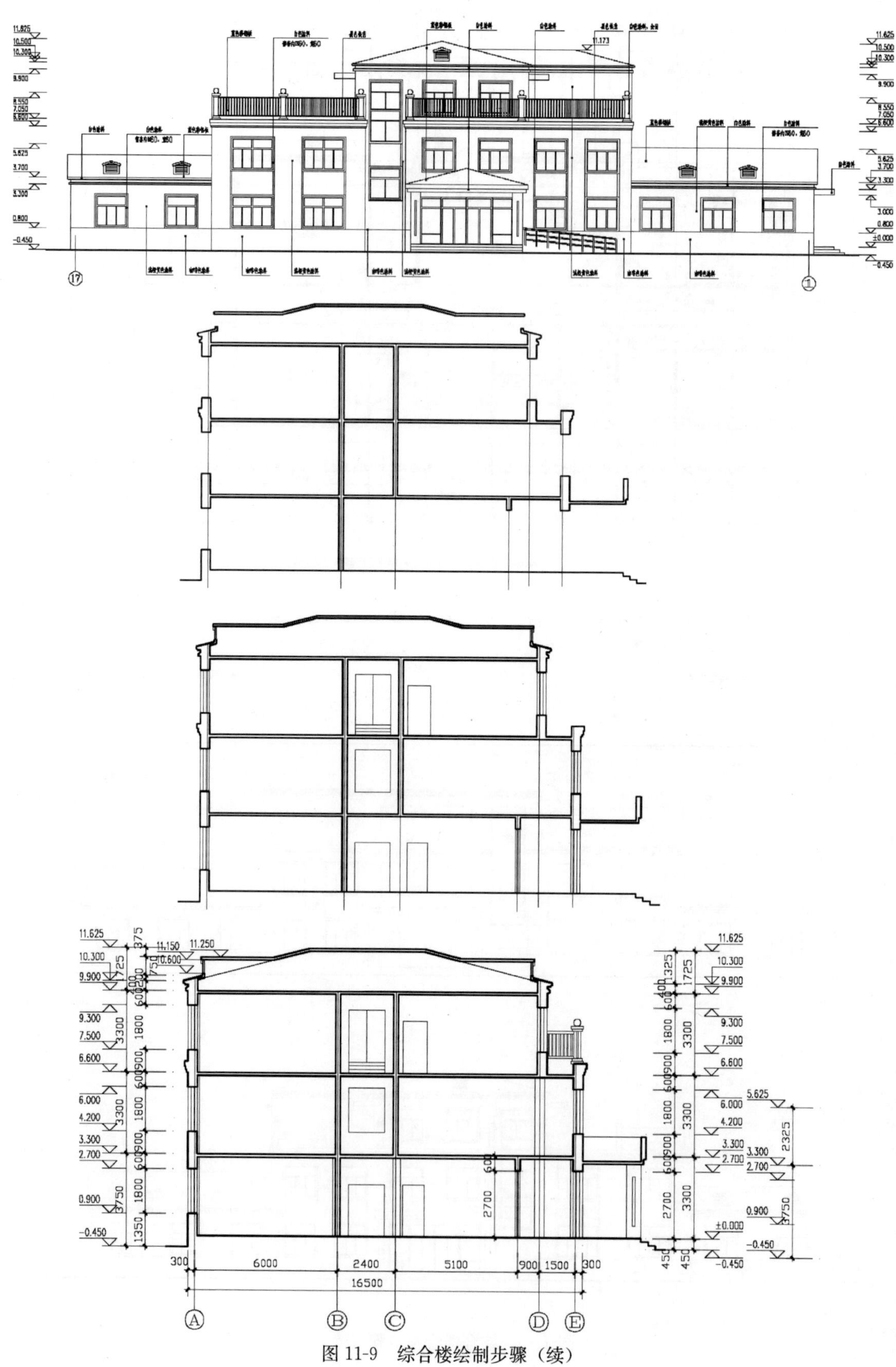

图 11-9　综合楼绘制步骤（续）

参 考 文 献

高远，张艳芳．建筑构造与识图［M］．2版．北京：中国建筑工业出版社，2008.